赵海宁
赵海宁
韩培付
李沙沙

在版编目（CIP）数据

运动行为的心理机制：运动适应中的学习、记
印丛著. -- 北京：北京体育大学出版社,

978-7-5644-3804-3

人… Ⅱ. ①印… Ⅲ. ①运动(生理)—适应性—
Q426

国家版本馆CIP数据核字(2023)第006233号

行为的心理机制——运动适应中的学习、记忆与泛化 印 丛 著
NG XINGWEI DE XINLI JIZHI——YUNDONG SHIYING ZHONG DE XUEXI, JIYI YU FANHUA

北京体育大学出版社
北京市海淀区农大南路 1 号院 2 号楼 2 层办公 B-212
100084
http：//cbs.bsu.edu.cn
010-62989320
北京体育大学出版社读者服务部 010-62989432
北京雅图新世纪印刷科技有限公司
710mm × 1000mm 1/16
170mm × 240mm
7.25
121 千字
2023 年 1 月第 1 版
2023 年 1 月第 1 次印刷
60.00 元

北京市自然科学基金资助项目（5194024）
国家自然科学基金（32000745）
北京市优秀人才培养青年骨干项目（2018000020
北京市教育委员会科技计划一般项目（KM20211

人类运动行为的

——运动适应中的学习

印 丛 著

北京体育大学出版

策划编辑
责任编辑
责任校对
版式设计

图书

人类运
忆与泛化
2023.1
ISBN

Ⅰ.①
研究 Ⅳ.①

中国

人类运动
RENLEI YUNDO

出版发行
地 址
邮 编
网 址
发 行 部
邮 购 部
印 刷
开 本
成品尺寸
印 张
字 数
版 次
印 次
定 价

前　言

运动适应是一种较为简单的运动学习形式。当自身或环境发生变化时，运动适应研究运动系统如何对已经熟练掌握的运动技能做出快速调整。在运动适应任务中，被试经历某种由实验操纵带来的干扰。这种干扰使运动与感觉反馈之间的对应关系发生改变。当干扰刚施加时，被试会产生一个较大的运动偏差。随后，在接下来的试次中，他们逐渐调整自己的运动来减少偏差，最终将行为表现恢复到干扰出现之前的基线水平。

研究者早期关注运动适应是如何内隐、自动化发生的，却忽略了人作为智慧的主体，在运动计划阶段可以使用外显知识有意识地对自己的运动进行指导。目前，尽管研究者意识到了外显学习成分在运动适应中的存在，但对运动适应中外显知识的研究还处于初始阶段。因此，本研究从短时记忆、长时记忆和学习泛化三个层面开始，对外显知识在运动适应中的作用和特点进行深入探讨。

第一部分从短时记忆开始，旨在探究外显知识能否引发短时运动记忆间的干扰。当我们执行一个简单的、已经熟练掌握的运动任务时，极少依赖与执行控制和反应选择相关的认知过程；但当有意识地想象这些动作时，便会涉及大量与工作记忆、注意和表象等相关的认知资源。因此，我们假设运动想象需要对运动记忆进行更多的外显加工。基于此，假设对一种任务进行运动想象而非运动执行，可以引发对另外一种相关记忆的干扰。具体来说，让被试同时学习两种运动适应任务，然后不同组被试通过运动执行或运动想象对其中一种任务进行提取，最后衡量对两种记忆的保留程度，我们发现，对于两种同时学习的运动适应任务，利用运动想象迫使被试外显地回忆一种记忆会损害对另一种记忆的即时回忆。这种干扰效应类似于在陈述性记忆领域中发现的提取诱发遗忘现象，暗示了两种记忆系统可能共享某些相似的认知机制。

第二部分从长时记忆出发，旨在探究外显知识在长时运动记忆形成与表达的过程中所起的作用。此时，长时记忆表现为节省效应。节省效应指当人们再次适应某种学习过的干扰时，出现的学习速率更快的现象。当前，在解释节省效应时，一种流行观点强调在初始学习阶段产生外显策略的必要性。但与之相反，当采用新异的实验范式将暴露错误信号与策略产生进行分离后，节省效应出现的必要条件是在初始学习阶段经历明显的错误信号。进一步探究了外显知识在节省效应表达中所起的作用。我们发现，在研究者惯常使用的将较大干扰直接引入的范式中，节省效应源自对外显知识的回忆。然而，节省效应还可源自在再学习阶段快速产生外显策略或更快地进行内隐学习。因此，对于这些看似相同的再学习速率提高的结果，其背后的产生原因受初始学习阶段反馈信息的影响而各不相同。这样的结果强调了感知运动系统的灵活性及外显知识在长时运动记忆形成与表达中所起的作用。

第三部分从学习泛化出发，旨在探究外显知识在方向上的泛化情况。由于外显学习成分对应高层级的认知策略的加工，假设它可以在方向间完全泛化。然而，当以节省效应为测量指标时，研究发现人们对外显知识的泛化受限于训练与泛化方向的角度差，且同样具有方向特异性。有趣的是，如果在泛化方向上对被试进行一种相似但无关任务（所谓暴露任务）的训练，可以使初始的运动学习完全泛化到任何方向。暴露任务造成完全泛化的原因可能是引发了元学习或是去除了对初始学习记忆表达的抑制。人们对外显知识的泛化模式与近期知觉学习领域中的发现相一致。这一结果为揭示外显学习的本质提供了新的思路。

综上，即便对于运动适应这种简单的运动学习的过程，外显知识同样起着不可忽视的重要作用；人们对外显知识的学习具有不同于内隐学习的特点：外显知识可以引发两种同时获得的运动记忆之间的短时干扰；尽管外显知识在长时记忆的形成与表达中起着重要作用，但它具体的作用取决于初始学习阶段的特点，并非节省效应产生的唯一原因；人们对外显知识的学习呈现方向特异性，但外显知识的学习通过合适的暴露任务可以完全泛化到任何方向。这些结果与陈述性记忆及知觉学习领域中的发现相呼应。由此推测，作为运动适应中相对高层级的成分，人们对外显知识的学习和记忆可能包含与其他学习、记忆系统相似的认知加工过程。

目　录 Contents

1　研究背景 …………………………………………………… (1)

1.1　运动适应任务中不同学习成分的存在 ………………………… (1)
1.2　运动记忆的巩固和干扰 ……………………………………… (14)
1.3　节省效应的理论纷争 ………………………………………… (17)
1.4　运动学习的泛化 ……………………………………………… (22)
1.5　问题的提出 …………………………………………………… (25)

2　研究一：外显知识的提取引发短时记忆干扰 ………………… (29)

2.1　目　的 ………………………………………………………… (29)
2.2　方　法 ………………………………………………………… (30)
2.3　结　果 ………………………………………………………… (34)
2.4　讨　论 ………………………………………………………… (41)
2.5　结　论 ………………………………………………………… (44)

3　研究二：外显知识在节省效应产生中所起的作用 …………… (45)

3.1　目　的 ………………………………………………………… (45)
3.2　方　法 ………………………………………………………… (46)
3.3　结　果 ………………………………………………………… (49)
3.4　讨　论 ………………………………………………………… (60)
3.5　结　论 ………………………………………………………… (63)

4　研究三：外显知识的泛化特点 …………………………………… (64)
4.1　目　的 ……………………………………………………………… (64)
4.2　方　法 ……………………………………………………………… (65)
4.3　结　果 ……………………………………………………………… (69)
4.4　讨　论 ……………………………………………………………… (78)
4.5　结　论 ……………………………………………………………… (81)
5　总结与展望 ………………………………………………………… (82)
5.1　外显知识在运动适应中的作用与特点 ……………………………… (82)
5.2　外显知识在运动适应中的作用对运动技能学习的启发 …………… (85)
5.3　运动适应中记忆和泛化的特点与其他系统的相似之处 …………… (86)
5.4　未来发展方向 ……………………………………………………… (88)
6　结　论 ……………………………………………………………… (92)
参考文献 ……………………………………………………………… (93)
后　记 ………………………………………………………………… (106)

1 研究背景

1.1 运动适应任务中不同学习成分的存在

运动学习是指人根据当前复杂的感知觉环境和多变的任务要求，协调多关节的肢体，形成新的运动技能的过程（Shadmehr & Wise，2005）。它是人类在复杂多变的环境中成功生存和演化的重要技能之一。现实生活中，我们会主动学习新的运动技能，如开车或滑雪。我们还要不断适应自身与环境的变化，对已经熟练掌握的运动技能进行调整。这种变化不仅包括长时间维度的改变（如成长、发展或损伤），还包括短时间维度的变化（如肌肉疲劳和环境物理属性的改变等）。可以说，运动学习涉及人类日常生活的方方面面。

本研究关注对于已经熟练掌握的运动技能，人们的感知运动系统如何面对环境的变化进行调整，从而保证任务的顺利完成。例如，喝水时，根据水重量的减小调整对杯子的抓握力；在有风的天气打球，根据风的方向和大小调整击球的方向和力度。这种调整看似轻松简单，实质上隐藏着非常复杂的运算过程。在实验室，研究者通常采用运动适应（motor adaptation）范式来对这种调节过程进行研究。

在运动适应范式中，研究者人为地对被试的运动施加某种系统性干扰，被试学习如何对抗干扰。因此，这个范式又被称为“干扰范式”。干扰包括对视觉的操纵（Krakauer et al.，2000），改变运动设备施加在手上的力（Shadmehr & Mussa－Ivaldi，1994），通过旋转身体产生科里奥利力（Lackner & DiZio，1994），或者在被试的手臂上添加重物（Krakauer，Ghilardi & Ghez，1999）等。在刚刚施加干扰时，被试的运动会产生一个较大的偏差，然后被试逐渐纠正这些错误，将行为表现恢复到干扰出现之前的基线水平。人们对误差的减小开始较快，随后逐渐变慢。

学习的进程能较好地使用指数函数来拟合，根据数学推算说明被试在每个试次的学习量与误差的大小成正比（Donchin，Francis & Shadmehr，2003；Thoroughman & Shadmehr，2000）。这种误差在每个试次中逐渐减小的学习过程被称为“适应”。

运动适应范式中，最常见的两种形式分别是对视觉运动映射关系（visuomotor mapping）的学习（Pine et al.，1996；Wigmore，Tong & Flanagan，2002）和对力场（force field）的学习（Mattar & Ostry，2007；Shadmehr & Brashers - Krug，1997；Shadmehr & Holcomb，1997）。对视觉运动映射关系的学习类似于我们操纵鼠标的运动：手与屏幕上的光标在两个不同的平面上运动，两者的运动距离并不是1:1 的对应关系，而是手运动较短距离对应光标运动较长距离。当我们将鼠标速度调快时，手运动和之前同样长的距离，却发现光标运动到了更远的位置。这时我们就需要重新建立光标运动与手部运动距离之间的对应关系，即对视觉运动映射关系进行学习。实验中，我们要求被试通过手在桌面上做点到点一步到位的直线运动，来控制屏幕上光标的运动，光标终点与目标点之间的差距越小越好。对于这样的二维运动，研究者通常在运动距离和方向上对映射关系进行改变（图1.1）：改变运动距离的学习称为“视觉运动缩放”（visuomotor gain），例如，从1:1改成0.6:1，这时手只需要运动之前距离的60%就能达到目标点位置。另外一种视觉运动映射的改变是改变光标运动的方向，即视觉运动旋转（visuomotor rotation）。例如，如果对光标的运动方向施加逆时针30°的干扰，手则需向顺时针30°的方向偏转才能抵消干扰。

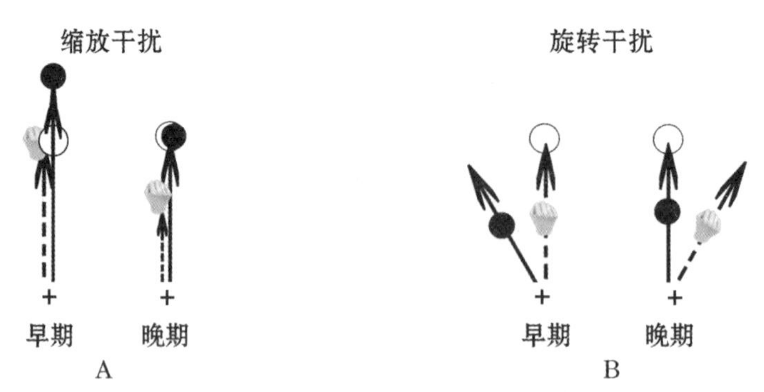

图1.1　两种视觉运动映射关系的学习

A：视觉运动缩放。B：视觉运动旋转。十字代表起始点，空心圆圈代表目标点，实心圆圈代表光标。虚线和实线分别代表手和光标的运动轨迹。

力场学习要求被试通过用手操纵机械臂运动来控制屏幕上的光标运动，但不改变手和视觉反馈之间的映射关系。手需要克服机械臂产生的干扰力场进行运动（图 1.2）。同样，如果干扰是基于被试运动速度的顺时针偏转力场，被试则需向逆时针方向施加力来对抗外界干扰。

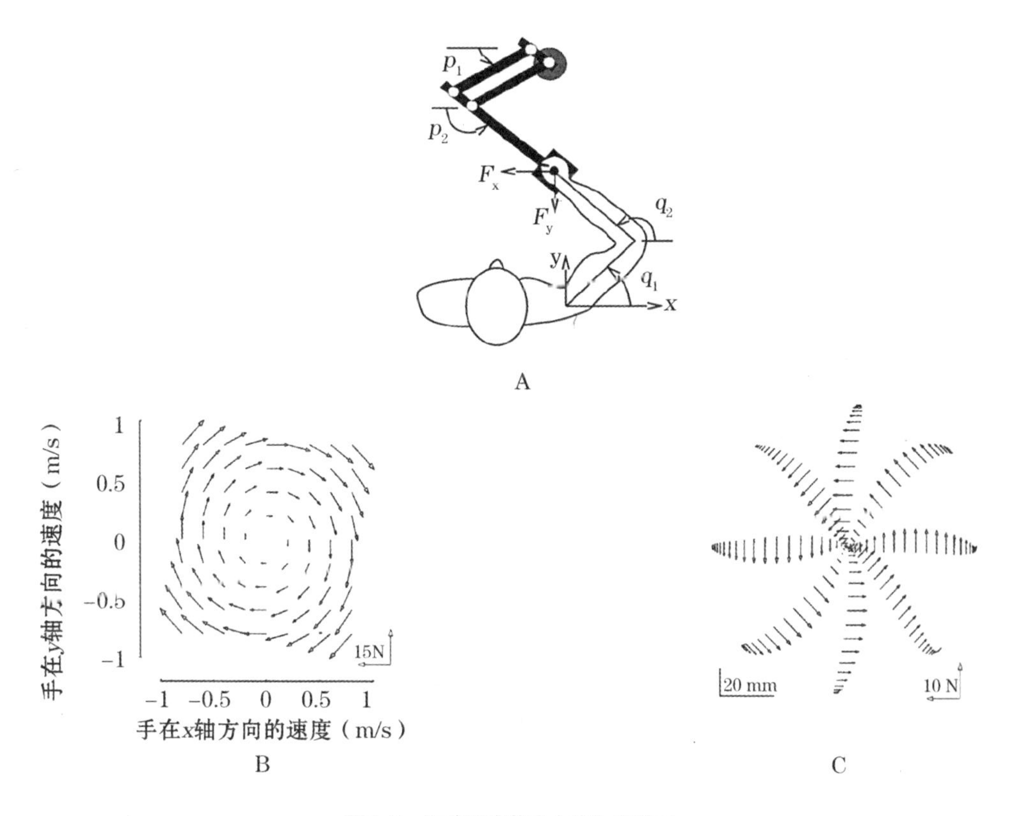

图 1.2　运动适应范式中的力场学习

A：实验设备。被试手握机械臂，机械臂手柄处装有力的传感器。被试需要克服力场的作用做点到点的直线运动。B：由机械臂产生的某一种力场的示意图。该力场是手运动速度的线性函数。C：被试经过训练后产生的克服顺时针力场的力的示意图。

（图片来源：Shadmehr & Brashers - Krug，1997）

1.1.1 内隐学习

内隐学习指不刻意的、自动化的学习加工过程，较少涉及意识与注意资源的参与（Frensch，1998）。研究者早期认为运动适应完全是一个内隐的学习过程，干扰条件下表现误差的减少主要是通过对内模型（internal model）的学习来实现的。研究者用内模型的概念来描述神经系统产生指令和预测结果的过程（Kawato，1999；Wolpert，Ghahramani & Jordan，1995）。内模型包括两类：一类是前向模型（forward model），即根据当前状态和运动指令对将执行的运动的结果进行预测；另一类是逆向模型（inverse model），根据期望得到的运动结果计算对应的运动指令。在有干扰的环境下，内模型通过不断更新来反映新环境的运动学或动力学参数。具体来说，当我们执行一项运动任务时，感知运动系统可以感受到运动产生的结果，将其与想要的预测结果进行比对，产生感知预测偏差（sensory prediction error，SPE）。感知预测偏差驱动神经系统对结果预测和指令产生进行更新。

运动适应是内隐学习的证据主要来自以下几个方面：在面对干扰的情况下，被试的行为表现误差在每个试次中是逐渐减小的，而非突然减小的（Krakauer et al.，2000）。在撤销干扰后，被试表现出较强的后效（aftereffects），且保持时间长久。例如，为了抵抗逆时针视觉运动旋转的干扰，被试的手逐渐偏向了目标点的顺时针方向；但当视觉反馈被撤销后，被试仍然保持着为了抵抗干扰而向顺时针方向偏转的运动倾向（Cunningham，1989；Krakauer et al.，2000；Wigmore et al.，2002）。甚至在被试完成运动适应学习后，第二天再回到实验环境中，即便给被试提供真实的视觉反馈，被试依然保持偏向顺时针方向运动的趋势（Caithness et al.，2004，图 1.3）。

后效的出现说明人们的视觉运动映射关系已经不自主地发生了改变。另外，在适应学习之后，人们对自己手部位置的感知发生了变化：被试用右手学习旋转干扰，学会后将视觉反馈调整为真实的、没有干扰的反馈，这时被试继续用右手运动一个试次。在后一个试次，被试被要求用左手指示刚才右手运动的终点位置。研究者发现，即使右手偏到了顺时针方向，但左手指示的依然是正对着目标点的方向（Izawa & Shadmehr，2011；Nikooyan & Ahmed，2015）。上述研究说明人们对这种视觉运动映射关系的改变是无意识的。

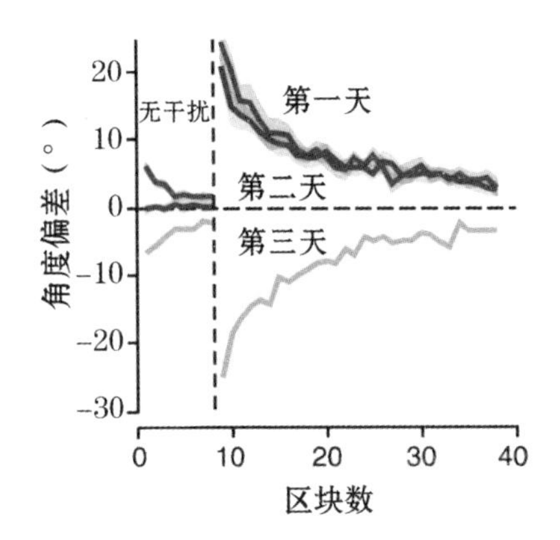

图 1.3 被试连续三天学习视觉运动旋转干扰

干扰学习前，每天短暂地经历没有任何干扰的区块。第一天，在没有任何干扰的环境中，被试角度偏差基本为0。但在学过逆时针旋转干扰之后，被试第二天在没有任何干扰的区块中，手依然向克服干扰的顺时针方向运动，表现为顺时针方向的偏差。同样，当被试在第二天学过顺时针旋转干扰后，在第三天的无干扰条件下，被试向克服干扰的逆时针方向运动，展现出逆时针的角度偏差。

（图片来源：Caithness et al.，2004）

另外，有研究发现，即便给被试提供对抗干扰的外显策略，也不能替代内隐的学习过程。内隐学习会凌驾于外显策略之上（Mazzoni & Krakauer，2006）。在这个经典的实验中（图 1.4），第一阶段是给被试真实视觉反馈的基线阶段。从第二阶段开始，给被试施加45°逆时针旋转的干扰。重要的是，被试在改变的环境下运动两个试次后，对于策略组，主试向被试描述干扰的性质，告诉他们朝向目标点顺时针 45°方向运动便可完全抵消干扰。为了帮助他们使用策略，在目标点顺、逆时针 45°的位置各放置了一个圆形视觉标志。因此，只要瞄向目标点顺时针 45°处的视觉标志，就可以使光标打中目标点。开始正如期望的一样，被试在第三个试次准确打中目标点。他们使用瞄准策略，只用一个试次就克服了干扰。然而令人难以置信的是，在接下来的 70 多次运动中，光标的轨迹逐渐从目标点向干扰相反的方向漂移了，即手向更偏向顺时针角度的方向移动了，行为表现变得越来越差。这样的结果揭示了我们的神经系统无法忍受感知预测偏差，它不断基于预测的光标将会出现的方向（瞄准标志所在方向）与光标实际反馈（目标点所在方向）的差异更新内模型，进行内隐学习，甚至完全忽略任务绩效的反馈（目标点与光标位置间的偏差，即任务表现误差），牺牲了任务本身的绩效。该项研究说明，相对于任务表现误差，运动系统对感知预测偏差更加敏感。运动适应任务中的内隐学习具有外显策略不可替代的作用。

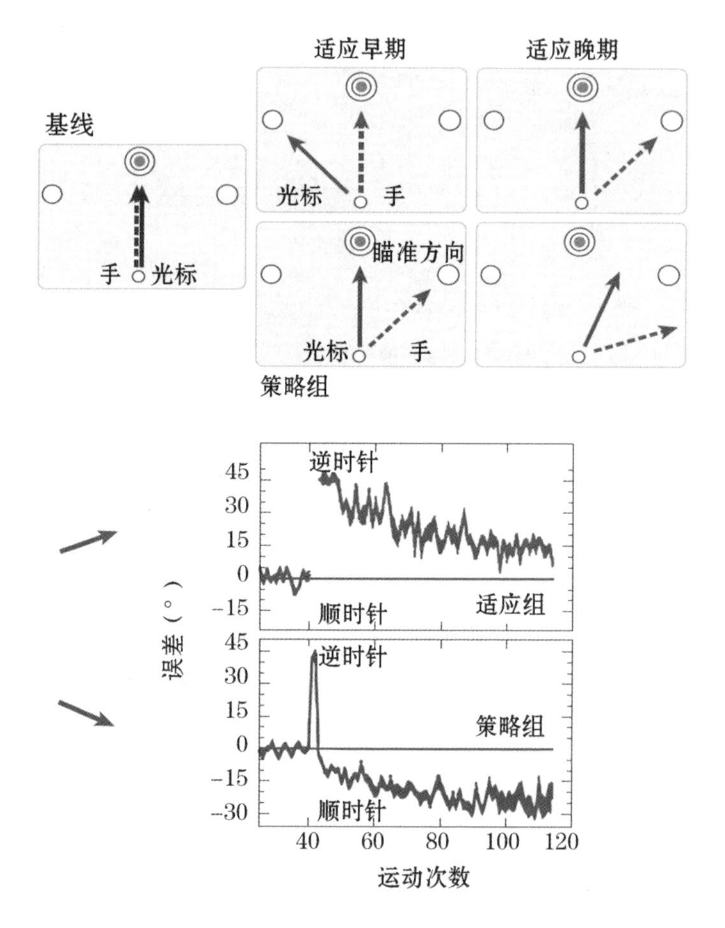

图 1.4　内隐学习凌驾于外显策略之上的实验证据

适应组在没有策略指导的情况下逐渐对抗干扰，减小任务表现误差。策略组被告知对抗干扰的策略，刚开始能很好地抵消干扰，但在感知预测偏差的驱动下，被试的手逐渐向干扰相反（更偏向顺时针角度）的方向移动，导致任务表现误差逐渐变大。

（实验源自 Mazzoni & Krakauer，2006；图片来源：Shadmehr，Smith & Krakauer，2010）

从神经机制来看，目前有充分的证据说明这种适应性学习依赖小脑。小脑一直被认为是运动协调和学习的必要结构（Cooper，1958）。小脑的活动与感觉预测偏差直接相关（Schlerf et al.，2013），如小脑损伤的病人在很多情况下不能完成运动适应任务（Diedrichsen et al.，2005；Golla et al.，2008；Morton & Bastian，2006；Smith & Shadmehr，2005；Tseng et al.，2007）。对新皮质区域进行经颅磁刺激（transcranial magnetic stimulation，TMS）不会影响初始阶段的学习情况（Baraduc et al.，2004；Della - Maggiore et al.，2004；Hadipour - Niktarash et al.，2007），而通过经颅直流电刺激（transcranial direct current stimulation，TDCS）对小脑区域进行作用就可以提高运动适应的学习速率（Galea，et al.，2011）。还有更详细的结果说明小脑中部和前外侧叶萎缩会损害适应力场的学习，后叶中间区域萎缩会损害对视觉运动旋转的适应（Rabe et al.，2009）。总之，小脑在运动适应学习中起着关键作用。

1.1.2 外显学习

与内隐学习相对，外显学习即有注意、计划等认知成分参与的有意识的加工过程。图 1.5 简要说明了视觉运动旋转学习中，外显与内隐成分之间的相互关系。外显学习成分指动作发出前的计划过程（左框），内隐学习指通过更新内模型而使运动指令发生改变的学习过程（右框）。研究者早期关注运动适应任务是如何内隐地、自动化地发生的，却忽略了人作为智慧的主体在面对较大干扰的情况下，可以主观能动地使用外显的认知策略有意识地对自己的运动做出调整。目前，研究者逐渐意识到，即便在这种简单的任务中也存在着外显与内隐学习过程的交互，外显学习在适应任务中扮演着不可忽视的重要角色。

一些研究考查了外显学习成分对运动适应任务的影响。在突然引入较大干扰的条件下，被试很可能意识到并产生相应的外显策略（Hwang，Smith & Shadmehr，2006；Malfait & Ostry，2004；Slachevsky et al.，2001）；但如果缓慢逐步地引入干扰，被试便很难察觉。被试能否意识到环境的变化会对他们的学习表现产生影响（Kagerer，Contreras - Vidal & Stelmach，1997）。对施加的干扰有外显认识的被试，表现优于没有意识到干扰出现的被试（Werner & Bock，2007）。另外，至少在适应学习的早期阶段，学习速率与工作记忆容量成正相关（Anguera et al.，2010），这暗示了策略使用可能依赖于工作记忆容量的大小。例如，关于年龄对运动适应影响的研究表明，老年人的学习速率显著慢于年轻人（Bock，2005；Fernández - Ruiz et al.，2000；McNay & Willingham，1998）。但对于能觉察到干扰存在的老年人，他们的学习速率与年轻人相当（Heuer & Hegele，2008）。

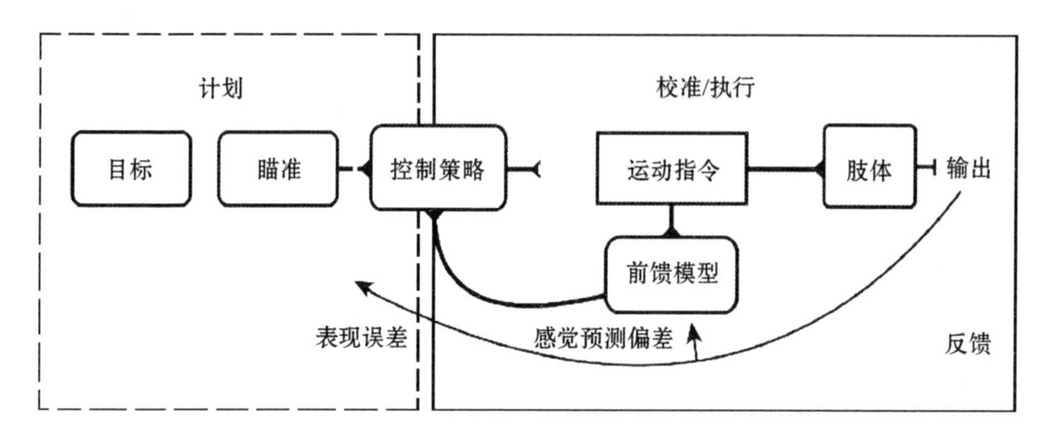

图 1.5 自发运动所涉及的主要过程的简单示意图（以视觉运动旋转的学习为例）

左框代表外显的认知过程，给内隐的学习过程（右框）提供输入。作为运动计划的一部分，人们会基于任务目标选择一个瞄准方向。例如，对于逆时针 45°视觉运动旋转的干扰，被试会以让光标运动到目标点为目标，在运动计划阶段，选择一个向目标点顺时针 30°方向进行瞄准的外显策略。控制策略（control policy）接收到这样的运动计划，并对肢体产生运动指令。运动指令不仅驱动肢体产生具体动作，还被送入前向模型对指令产生的结果进行预测。人们将预测与反馈进行比对，产生感觉预测偏差（sensory prediction error，SPE），被用来更新前向模型和控制策略。表现误差（performance error，PE）影响运动的计划过程，使外显学习发生改变。

（图片来源：McDougle，Ivry & Taylor，2016）

1.1.3 内隐与外显两种不同成分存在的证据

前面介绍了运动适应不仅是一种内隐的学习过程，还包括外显的学习成分。但事实上，我们通常只能观测到一个总体的、两者综合贡献的结果，故识别和区分内隐和外显的学习过程具有一定的挑战性。根据两者性质的不同对它们进行区分，可以为内隐和外显两种不同成分共同作用于运动适应任务的观点提供证据。下面，我们介绍四种试图将内隐和外显学习成分区分开的方法。

1.1.3.1 言语指导

最直接的方法是前面提到的将干扰的本质告诉被试，并指导他们对抗干扰的策略（Mazzoni & Krakauer，2006）。尽管之前的实验表明内隐学习具有外显策略难以替代的作用，但后续研究表明（Taylor & Ivry，2011），如果训练时间足够长，当被试发现任务表现误差过大时，他们会对之前被告知的外显策略进行调整，使任务表现误差逐渐减小（图 1.6 A），这说明外显策略是灵活可变的。如果在运动开始后，将目标点顺时针 45°处的瞄准标志熄灭，感觉预测偏差的清晰度有所下降，光标向顺时针方向漂移的幅度则大为减少（图 1.6 B）。如果在整个运动过程中移除瞄准标志（包括运动前的准备阶段），光标则不会出现顺时针漂移的现象（图 1.6 C）。这样的结果说明两种学习成分所依赖的错误信号不同：内隐学习受感知预测偏差驱动，而外显学习受任务表现误差驱动。当感知预测偏差清晰、明显时，人们优先进行内隐学习；但当任务表现误差过大时，则对外显策略进行调整。外显策略可以在一定程度上替代内隐学习，完成任务目标。

此外，还可以通过不告诉被试干扰的性质和具体的策略，但告诉他们当前环境是否存在干扰来对两种成分进行分离。对于较大干扰突然引入的条件，被试通常能察觉环境的变化。学习结束后将干扰移除，在给了真实反馈的第一个试次中，内隐和外显的相对贡献就变得明显了：如果告知被试干扰被移除，那么他们的表现会显著优于干扰在不经意间被移除掉的条件（Benson，Anguera & Seidler，2011；Kluzik et al.，2008；Redding & Wallace，1996；Taylor，Krakauer & Ivry，2014）。对外显指导语效果的测量将行为分成两部分：根据指导容易从整体学习中脱离出来的是外显学习成分，不能脱离的则是内隐成分。研究者可以利用这个方法在学习过程中的不同时间点，通过有无干扰的线索提示来追踪学习过程中内隐和外显学习成分的不同贡献（Benson et al.，2011；Morehead et al.，2015）。

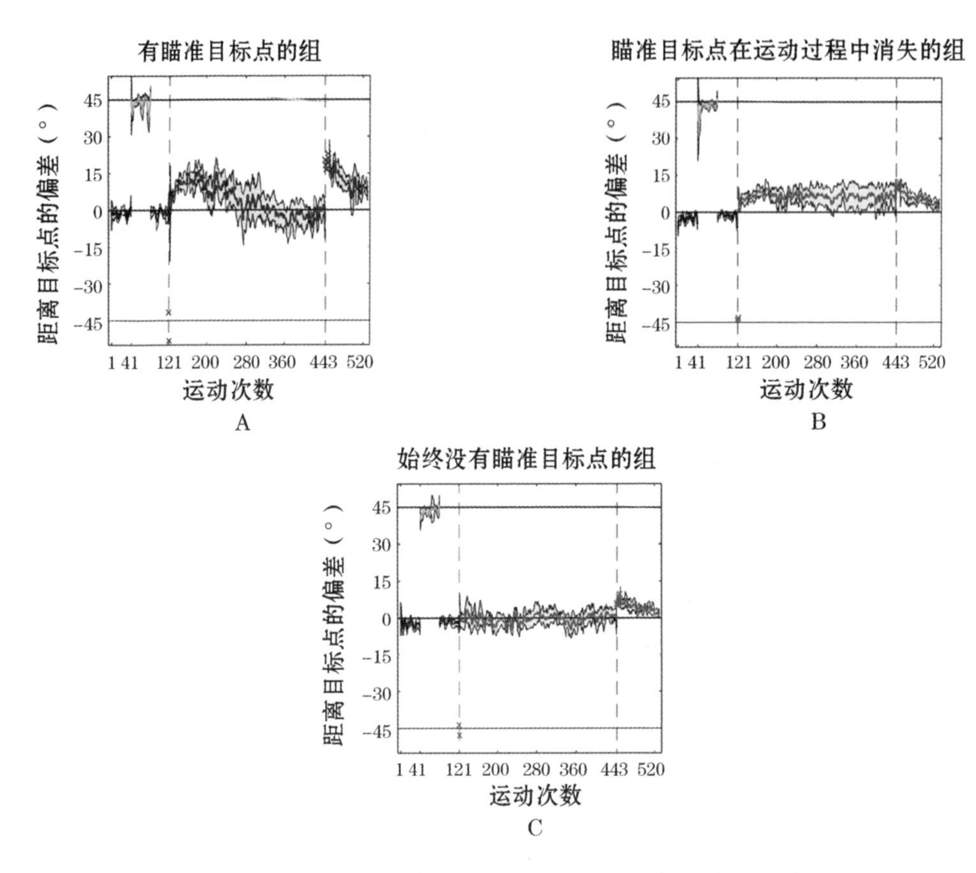

图 1.6 Taylor & Ivry （2011） 对 Mazzoni & Krakauer （2006） 的后续研究

该实验将学习阶段（两条竖直虚线间的阶段）由之前的 80 个试次延长到 320 个试次。A：始终提供目标点顺时针 45°处的瞄准标志，光标向顺时针方向的漂移随着训练试次的增加而逐渐减小。B：被试开始运动后，瞄准标志消失，漂移量与 A 相比大幅减少。C：整个实验中不提供瞄准标志，光标未向顺时针方向漂移。

（图片来源：Taylor & Ivry，2011）

1.1.3.2 主观报告

上述言语指导的方法具有人为介入的缺点，不能说明人们在自发的情形下（主试不给予策略指导和环境提示），内隐和外显学习是如何变化的。为了解决这一问题，研究者针对视觉运动旋转学习设计了瞄准报告（aiming report）范式，可以在每个试次中衡量外显和内隐成分的相对大小（Bond & Taylor，2015；McDougle，Bond & Taylor，2015；Morehead et al.，2015；Taylor et al.，2014）。在该范式下，目标点附近呈现一圈指示方向的数字标志（图1.7）。为衡量外显策略的大小，被试在每次运动之前口头报告他们所瞄准的数字方向。运用简单的减法规则，将实际的运动方向减去瞄准方向，可以在每个试次中得到对内隐学习成分大小的准确估计。

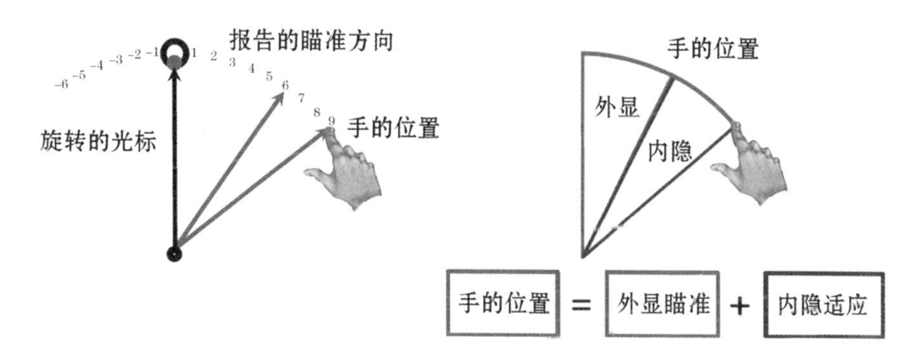

图1.7 视觉运动旋转范式下对外显策略和内隐学习成分的测量

内隐成分等于手运动的方向减去报告的瞄准方向（外显学习成分），表现为手无意识地向顺时针角度的方向偏转。

（图片来源：Morehead et al.，2015）

利用瞄准报告的方法，研究者发现对于较大干扰，早期学习中外显策略比内隐学习发挥更大的作用（Bond & Taylor，2015）。而且，即便在学习晚期，外显学习也依然存在。这个结果挑战了之前认为的当学习达到渐近线程度时，只是内隐学习在起作用的观点（Bond & Taylor，2015；McDougle et al.，2015；Taylor et al.，2014）。控制实验证明，上述结果并不是由这种特定的瞄准报告范式带来的（McDougle et al.，2015；Taylor et al.，2014）：报告情形下与不报告的标准视觉运动旋转范式下的学习速率、干扰撤销后的学习后效非常相似。这说明即使在没有任务情景启动的条件下（如言语指导、视觉标志），外显策略也依然存在。

1.1.3.3 运动所需准备时间

除了操控意识、无意识外，另一个区分两种学习成分的方法是操纵每个成分表达所需要的准备时间。在视觉运动旋转的学习过程中，反应时与无干扰的基线条件相比有所增加（Fernandez – Ruiz et al.，2011；Saijo & Gomi，2010）。此外，反应时的增加与学习速度相关：被限制在很短反应时之内运动的被试比控制组被试学得更慢（Fernandez – Ruiz et al.，2011）。然而，有研究发现，准备时间似乎仅针对学习中的外显而非内隐成分起重要作用（Haith，Huberdeau & Krakauer，2015，图 1.8）。在这项学习视觉运动旋转的研究中，对于一小部分试次，在运动开始前不给任何提示信息的情况下，将目标点的位置突然换掉，使被试在这些试次中准备时间较短；而对于其他的大多数试次则有充足的准备时间。研究发现在学习的早期阶段，相对于之前或之后出现的有充足准备时间的正常试次，被试在反应时较短的试次中表现出较大的误差，表明这些不能在较短反应时表现出来的学习成分在学习早期占主导；进一步练习后，被试在两种试次中表现相似，这说明能在较短准备时间表达出来的成分在学习后期占据较大成分；在学习结束后，能在较短准备时间表达出来的成分展现出更为明显的后效。

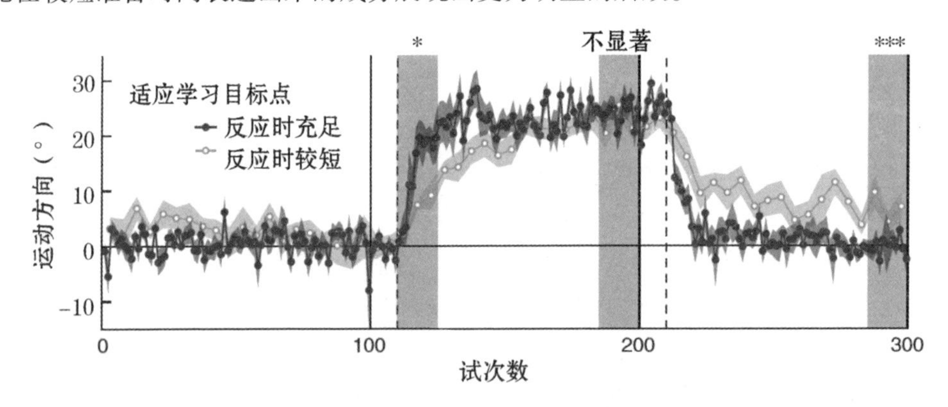

图 1.8 通过运动所需准备时间区分内隐、外显学习成分的代表实验

在旋转适应开始阶段，与反应时充足的试次相比，被试在反应时较短的试次中表现较差，随着学习的进行，被试在两种试次的表现上没有明显差异。

*代表 $p<0.05$，***代表 $p<0.001$。

（图片来源：Haith，Huberdeau & Krakauer，2015）

这种根据对反应时需要的分解和根据有无意识进行分离的结果看似是平行的，于是研究者认为能在较短反应时表现出来的成分对应内隐成分，学习较慢，在晚期起主导作用；只能在较长反应时表现出来的成分对应外显学习成分，学习较快，在早期起主导作用。我们猜测，在较短的反应时条件下，被试不得不放弃运动前的外显策略；在充分的准备时间条件下，被试才有机会在运动准备阶段实施外显策略。

1.1.3.4 随时间衰退

除了前面介绍的三种区分的方法外，还有一种方式可以通过测量记忆的保持是稳定的还是易随时间衰退的来对两者进行区分。近期的一项研究表明人们对运动适应学习的记忆衰退极快，在仅仅 1 min 的时间内，大部分记忆便发生了衰退（Hadjiosif & Smith，2013）。该实验在干扰学习的早、中、晚不同阶段，硬性要求被试休息 1 min。研究者发现在这个时间间隔后，衰退后剩余的学习量随着练习逐渐增长，这说明剩余成分对应某种独立的、更慢的学习成分，在时间上具有更好的稳定性。

由此划分出来的两种成分如上述讨论一样，易随时间衰退的成分对应外显学习成分，在学习早期起主导作用；不易随时间衰退的成分对应内隐成分，在学习晚期起主导作用。值得注意的是，之前的学习并没有在 1 min 的休息后被完全遗忘；被试可以在休息后的两三个试次迅速恢复到之前的表现水平（Hadjiosif & Smith，2013）。因此，有研究者把随时间明显的衰退解释为暂时不能对外显成分进行表达，与在反应时很短的条件下外显成分不能被表达类似（Haith Huberdeau & Krakauer，2015）。表现行为的下降似乎是被试忘记去使用之前成功使用的外显策略，直到休息后的第一个试次，当他们再次经历错误信号时才能被想起。

总的来说，上述试图将内隐成分和外显成分区分开来的方法为运动适应学习中存在两种不同加工过程的观点提供了证据，并进一步揭示了两种学习过程的不同特点：内隐成分学习较慢，可在较短反应时内表达，在短暂的休息过程中保持稳定，受感知预测偏差驱动；外显成分学习较快，需要较长的准备时间来表达，在休息过程中容易被遗忘，对任务表现的结果信号敏感（图 1.9）。

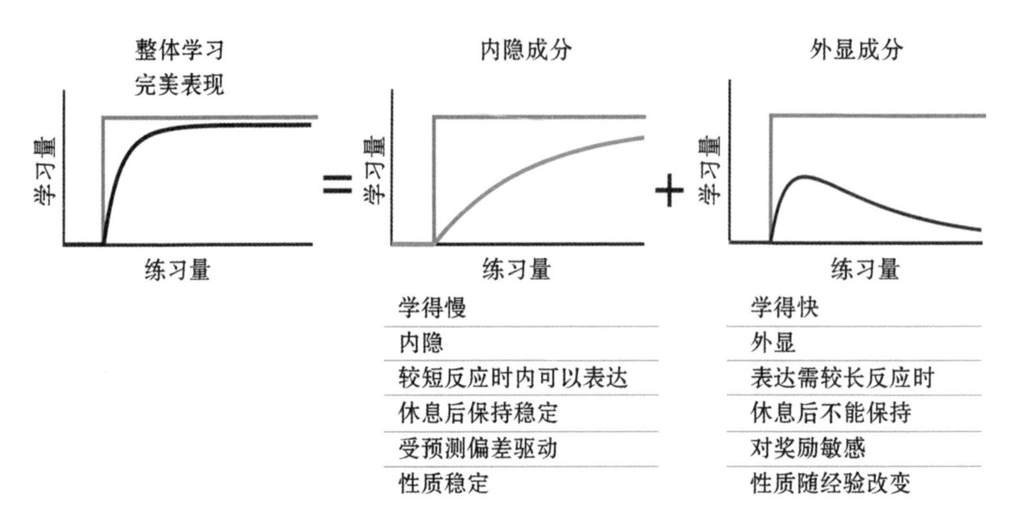

图 1.9 视觉运动适应范式中不同性质学习成分的区分

内隐成分学得慢，在较短时间内可以表达，休息后依然能够保持，受预测偏差驱动，性质稳定；外显成分学得快，表达需要较长反应时间，休息后不能保持，对奖励敏感，性质随经验而改变。

（图片来源：Huberdeau et al.，2015）

1.2 运动记忆的巩固和干扰

运动记忆的形成包含两个不同的阶段：第一阶段，新学习的运动技能被储存在短时的工作记忆中，容易受到后续运动学习的干扰（Tong & Flanagan，2003）；第二阶段，学习巩固为长时记忆，不再受其他运动学习的干扰（Brashers - Krug，Shadmehr & Bizzi，1996；Muellbacher et al.，2002；Shadmehr & Brashers - Krug，1997）。长时记忆的一个重要表达形式为学习节省（savings），指再学习比第一次学习学得更快的现象（Krakauer，Ghez & Ghilardi，2005；Zarahn et al.，2008）（图 1.10）。

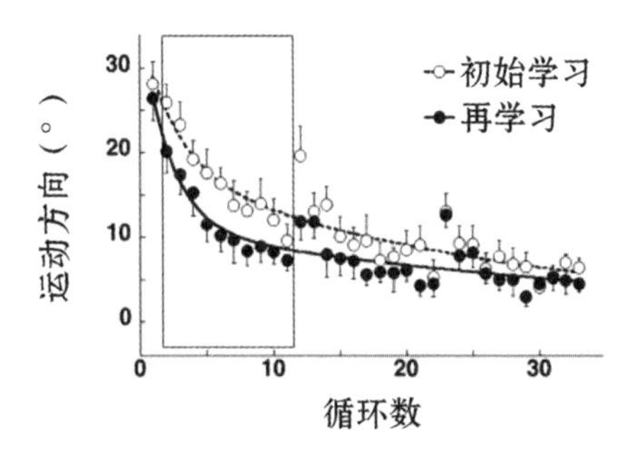

图 1.10 验证存在学习节省效应的代表实验

被试先后学习同样的干扰，第二次学习比第一次学习学得更快。

（图片来源：Krakauer，Ghez & Ghilardi，2005）

但如果被试在第一次学习（逆时针 30°干扰）后的较短时间内进行一个相反方向干扰的学习（顺时针 30°干扰），那么节省效应就不会出现了，这种记忆干扰的测量方法被称为“ABA 范式”。记忆干扰可以解释为两种原因，即顺行性或逆行性干扰。顺行性干扰是 B 干扰了 A 的再学习；逆行性干扰是 B 干扰了 A 的第一次学习的巩固。两者的区别在于前者不受 A 的第一次学习和 B 之间时间间隔的影响。在力场的学习中，研究发现，如果 A 的第一次学习和 B 间隔时间足够长（超过 5.5 h），那么干扰效应就会消失。这样的结果暗示了两点信息：①运动记忆可能和陈述性记忆类似，也要经历一个巩固的过程，随着时间的增长，初始学习逐渐变得更能抵抗竞争者的干扰。②干扰是逆行性的，而非顺行性的（Shadmehr & Brashers - Krug，1997）。

对于视觉运动映射关系的学习，研究同样发现在第一次学习后，如果再学习一个相反的任务，那么 A 的再学习速率就不会比第一次学习更快了，即节省效应消失了（Bock，Schneider & Bloomberg，2001；Krakauer et al.，1999；Tong，Wolpert & Flanagan，2002；Wigmore et al.，2002）。但和力场学习不同，这种干扰并不会随着时间的增长而消退（Bock et al.，2001；Goedert & Willingham，2002）。看似干扰的性质是顺行性的，而非逆行性的（Miall，Jenkinson & Kulkarni，2004），即视觉运动学习的记忆不能被巩固。然而，节省效应消失的原因可能是情境效应（context effect）。由于没有线索能让被试区分两种干扰（A 和 B 的干扰方向截然相反)，故近因效应（recency effect）就使人们回忆起最近经历的干扰。有研究试图引入一些任意的环境线索来提示干扰是 A 还是 B。例如，对 A 呈现红灯，对 B 呈现蓝灯（Miall et al.，2004），但干扰却依然存在，研究者猜测环境线索的提示效果缺失的原因是视觉系统和运动区并没有紧密的、直接的联系来帮助被试将颜色与干扰类型一一对应。

然而，克拉考尔（Krakauer）及同事为了去除情境效应可能带来的顺行性干扰，并非让被试建立线索与干扰类型的关联，而是在每次学习前引入冲洗（wash-out）阶段将环境调整到没有干扰的基线水平（Krakauer et al.，2005）。在冲洗阶段，研究者将视觉干扰去除，直接给予被试真实的视觉反馈，使当前情境不偏向于任何一种干扰。于是被试在后面有干扰的情况下，可以在两个运动记忆中选择其中合适的一个，免受近因效应影响。研究结果发现，如果在第一次学习 A 的 5 min 后学习 B，那么干扰效应依然存在；但如果两者间隔 24 h 以上，A 就呈现出对干扰的抵抗，表现出节省效应。这样的结果说明之前发现的持久存在的干扰是对记忆提取的顺行性效应所导致的，当顺行性效应被冲洗阶段移除后，旋转学习就表现出随着时间的增长，记忆不再受其他运动学习干扰的巩固效应。被试 5 min 后学习 B，会对 A 产生逆行性干扰的原因是记忆 A 还没有完成巩固就被 B 破坏了；24 h 以后再学习 B，干扰不复存在的原因是 A 的巩固过程已经完成。

冲洗组块的作用让我们推测，旋转学习原本已经在记忆中被保留下来了，但它的提取受到了相反干扰的阻止。这种类型的现象也存在于陈述性记忆中，在单词的配对关联记忆中，被试学习 A－B 列，一段时间后学习 A－C 列。如果经过较短时间，对他们进行 A－B 的测试，与没有学过 A－C 的控制组相比，发现他们的提取受到了损害。回测结果的变差是暂时性地抑制了记忆的提取，而非阻止了记忆巩固的过程（Anderson，Bjork & Bjork，2000；MacLeod & Macrae，2001）。

有研究采用了一个有趣的方法检验了陈述性记忆是否会对力场的记忆产生影响（Keisler & Shadmehr，2010）。研究者要求被试学习完力场后，在 3 min 的时间内记忆和回忆 12 个词对。在随后的力场记忆的测试中，他们发现，单词记忆对学得快而非学得慢的成分产生了逆行性干扰。这样的结果暗示了运动适应记忆中的外显成分可能与陈述性记忆共享某些相似的机制。综上，运动记忆的提取、干扰和巩固与陈述性记忆存在很多相似之处。

1.3 节省效应的理论纷争

学习节省被定义为，当第一次学习被遗忘以后，再次呈现这个信息时，学习速率比初始学习更快的现象（Ebbinghaus，1913；Krakauer，2009）。更快的再学习速率意味着人们对第一次学习中某种成分产生回忆。不同理论对不同成分有各自的看法。

1.3.1 对内模型的回忆

早期对学习节省的解释都是针对基于内模型的学习成分提出的。一种观点认为，多种基于内模型的学习加工过程在平行地起作用，但它们的学习和遗忘速率不同（Smith，Ghazzizadeh & Shadmehr，2006；Zarahn et al.，2008）。另一种观点假设人们学习如何在不同的内模型之间进行切换，一个内模型与基线情境相关，至少还有一个内模型和干扰情境相关（Haruno，Wolpert & Kawato，2001；Lee & Schweighofer，2009），或者说最终的行为表现是多种内模型输出相结合的结果（Pearson，Krakauer & Mazzoni，2010）。这些模型都认为节省效应源自对内模型的存储，而后被提取、回忆的过程。

1.3.2 对强化的动作的回忆

黄与同事在2011年提出，节省效应并非源自对内模型的回忆，而是源自强化学习机制，反映了对强化动作的回忆（Huang et al.，2011）。在适应任务中，如果某个动作能成功对抗干扰使光标打中目标点，那么这个动作就会在不断的重复中被强化。按照前面节省效应是对内模型回忆假说的预测，如果前后两次学习的内模型方向相反，则不会产生节省效应。事实上，很多研究发现确实如此：人们学习一个干扰，不会促进接下来对一个相反方向干扰的学习（Bock et al.，2001；Tong et al.，2002；Wigmore et al.，2002）。但黄与同事认为，节省效应出现的必要条件是前后两次学习能成功对抗干扰的手的运动方向相同，而不是两次学习的干扰方向相同。在支持该理论的一个重要实验中，他们发现当对抗两个干扰所需手的运动方向一致时（第一次学习的目标点在第二次学习目标点的顺时针60°的方向上)，学习一个顺时针 30°的视觉运动旋转，能提高随后经历的逆时针 30°旋转的学习速率（Huang et al.，2011）（图 1.11）。

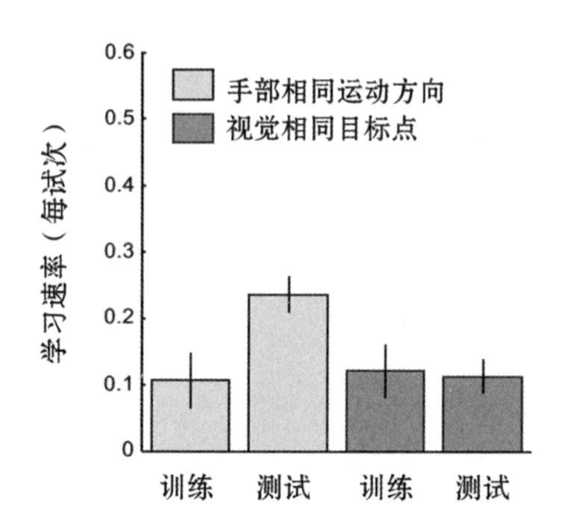

图 1.11　节省效应源自对强化动作回忆的代表性证据

对于前后两次学习干扰方向不同的情况，如果两次学习最终手部运动方向相同，那么第二次学习得更快；如果两次学习视觉目标点相同，那么两次学习速率相同，不会产生学习节省。

（图片来源：Huang et al.，2011）

另外，帕金森病患者的操作性强化学习受到削弱，但小脑没有受损（Avila et al.，2009；Frank，Seeberger & O'reilly，2004；Rushworth et al.，1998；Rutledge et al.，2009；Shohamy et al.，2005）。有研究发现，帕金森病患者第一次学习旋转干扰的学习速率与控制组相比没有差异，但并没有表现出节省效应（Bédard & Sanes，2011；Marinelli et al.，2009），这样的结果说明节省效应与强化机制相关，并非反映对内模型的回忆。

1.3.3　对错误的回忆

另外，还有一类观点认为再学习速率的提高是被试识别出了之前遇到过的、相似的错误信号（Herzfeld et al.，2014）。第一次学习时，稳定一致的干扰环境提高了被试对这种错误的敏感度；当第二次学习再遇见这些错误时，学习速率就变得更快了。这实质上认为节省效应反映了对错误的回忆，该观点强调第一次与第二次看到的错误需尽可能相似。研究者通过操纵不同组被试在再学习测试前所经历错误信号的不同来证明其观点。对于逐渐学习组（GNA），在初始学习时，研究者将干扰量逐渐增大（从0°开始，干扰在每个试次中增加0.25°，直至120个试次后干扰达到30°），而非在第一个试次就将30°旋转干扰完全呈现，使被试在第一次学习过程中始终看不到与第二次学习大小类似的错误。结果发现，该组第二次学习的速率与没有学习过旋转干扰的控制组相比，没有显著差异，即没有产生节省效应。对于后效组（BNA），第一次学习时给被试呈现一个与第二次学习相反的干扰B，然后呈现无干扰的真实反馈试次N来冲洗B所带来的影响，最后让被试学习A；在三个阶段交替之间没有任何时间间隔（图1.12）。在突然将B干扰转换为没有干扰的真实反馈时，由于被试的手仍然保持着向对抗B的方向运动（B的后效），被试看到了与A方向相同、大小相似的干扰。正是这样的后效呈现出一系列稳定的错误，提高了被试对这种错误的敏感性。尽管被试从来没有经历过A，但是见到了与A相似的错误，于是加速了对A的学习。如果后效组对A的快速学习是由于在B的冲洗阶段，被试看到了与A相似的错误所导致的，那么可以通过减少在冲洗阶段的错误来阻止学习节省的产生。在等待组（BwaitNA），研究者在B和冲洗阶段之间施加了一个短暂的等待时间。被试对B的大部分记忆会在这段等待时间中消退，导致B的后效在接下来的冲洗阶段大幅减弱，于是被试在测试A之前看不到与A相似的错误信号，结果是这组的学习速率与控制组相似，并没有学习节省的产生。上述结果说明，节省效应反映了对之前经历过的错误的回忆。

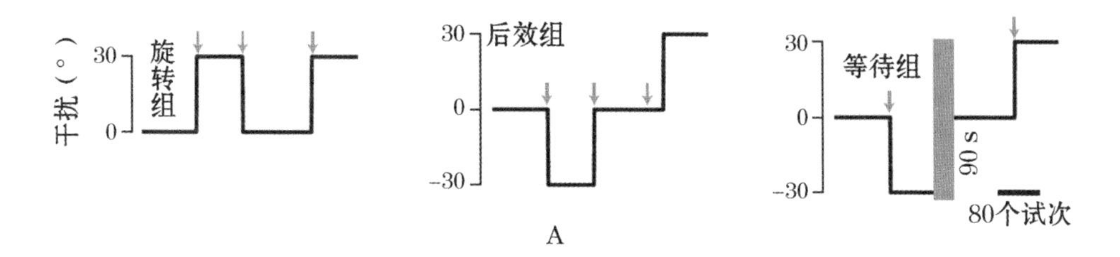

图1.12　节省效应反映了对之前经历过的错误的回忆

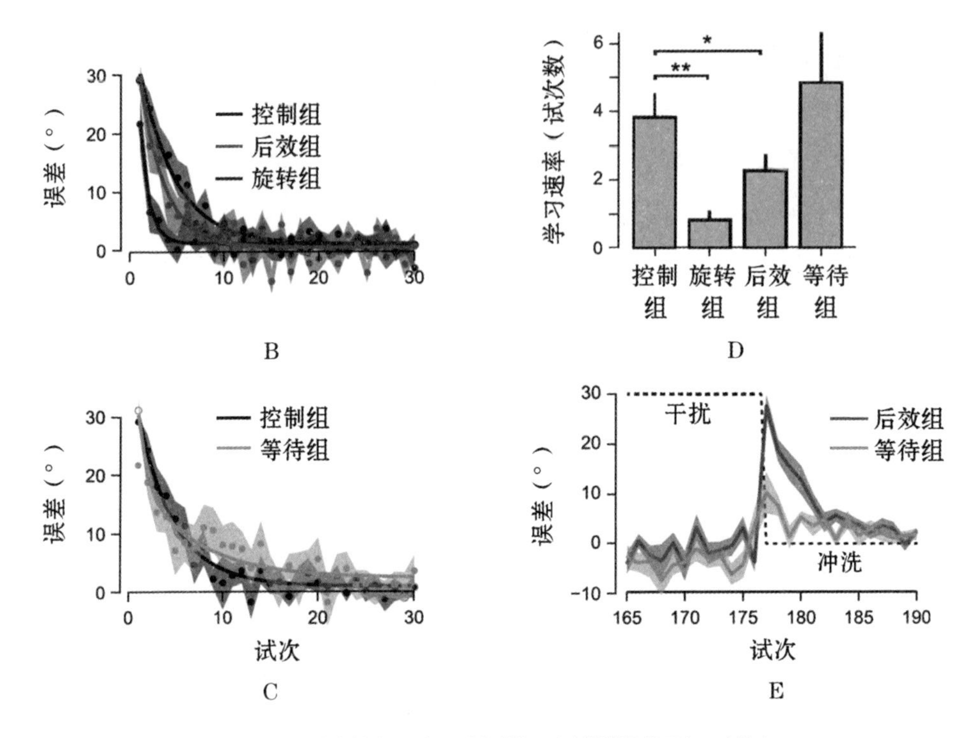

图 1.12　节省效应反映了对之前经历过的错误的回忆（续）

A：视觉运动旋转实验，灰色箭头代表 1 ~2 min 的休息。三个实验组各经历三个主要的学习阶段，他们在后两个阶段所经历的视觉干扰相同：均是先经历没有干扰的冲洗阶段（N），最后经历对干扰 A 的学习阶段。三组的差异在于初始学习阶段不同：旋转组（ANA）在第一次学习经历与第三阶段相同的干扰，在两个阶段的交替之间有短暂的休息；后效组（BNA）在第一次学习经历与 A 方向相反的干扰 B，在两个阶段的交替之间没有休息，被试在真实反馈阶段有两次短暂的休息；等待组（BwaitNA）同样在第一次学习经历与 A 方向相反的干扰 B，但在两个阶段的交替中有短暂的休息时间。B：不同组被试在最后阶段对干扰 A 的学习曲线。与未经历过旋转干扰的控制组（旋转组的第一次学习）相比，旋转组与后效组都展现出了明显的节省效应。C：与控制组相比，等待组没有展现出节省效应。D：各组之间学习速率的比较。E：后效组与等待组在冲洗阶段所经历的错误大小（B 的后效）的比较。等待组由于休息使记忆有所衰退（后效减小），经历的错误明显少于后效组。

（图片来源：Herzfeld et al.，2014）

1.3.4 对外显策略的回忆

目前，最为流行的理论认为节省效应源自对动作选择的过程。被试在第一次学习的时候就产生了对抗干扰的外显策略，第二次之所以学得更快是对之前形成策略的快速回忆（Morehead et al.，2015）。研究者发现是否出现节省效应与干扰的大小有关，较小的干扰不足以让被试产生瞄准策略，因此不会产生学习节省。他们还采用瞄准报告范式来衡量前后两次学习中内隐和外显学习成分的大小，发现第二次学得更快是因为第二次学习的外显成分明显高于第一次学习，而前后两次的内隐成分大小则没有显著差异（图1.13）。与该结论相一致，节省效应只出现在给予被试足够准备时间的试次中，对于反应时较短的试次则不会出现第二次学得更快的现象（Haith et al.，2015）。研究者把这种现象归结于外显策略的使用相对于内隐学习需要更长的准备时间。另外，有研究发现，在第一次学习时只需给被试呈现5个试次，不需要将干扰完全学会，就可以观察到节省效应（Huberdeau et al.，2015）。在5个试次的学习中，被试产生了一定的外显策略，但内隐学习成分还处于非常低的水平，第二次学得更快很有可能是对外显策略的使用而非对内隐学习的回忆。

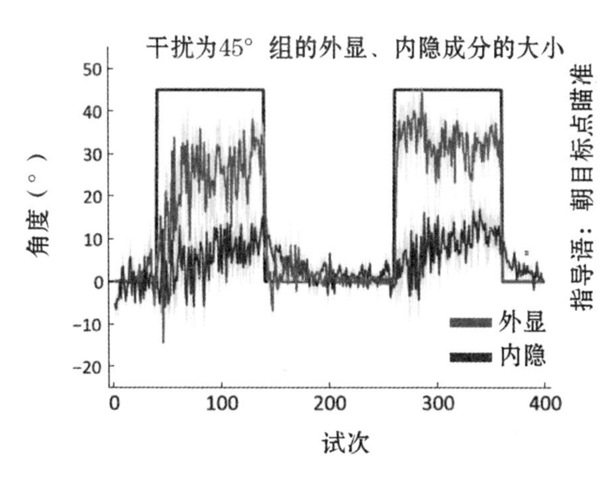

图1.13 节省效应反映了对外显策略的使用而非内隐学习的回忆

对于学习早期，第二次学习的外显学习成分明显大于第一次；内隐学习成分在两次学习中没有差异。（图片来源：Morehead et al.，2015）

1.4 运动学习的泛化

人类的智慧不仅在于记忆某些具体的条目，更在于将学习到的知识应用到新的情境中。运动学习的泛化主要研究在一个情境下的学习如何影响未训练情境下的学习表现，并为运动学习的本质提供了一个独特的窗口（Poggio & Bizzi，2004；Shadmehr，2004）。

其中，研究者讨论最多的泛化问题之一是方向性泛化，即在一个方向上学习到的运动能否泛化到其他方向。方向性泛化通常是以后效为指标进行测量的（Ghahramani，Wolpert & Jordan，1996；Imamizu，Uno & Kawato，1995；Krakauer et al.，2000；Malfait，Shiller & Ostry，2002；Mattar & Ostry，2007）。以视觉运动适应为例，在有视觉反馈的情况下要求被试在某一个方向上进行映射关系的学习，学习完成之后，研究者测量被试在没有任何视觉反馈的情况下在其他方向上运动的情况。得到的一个普遍结论是，视觉运动缩放学习表现出较宽的泛化（图 1.14 A），泛化范围涵盖 0～180°，得到了一条近似水平线的泛化函数；视觉运动旋转学习表现出方向特异性（图 1.14 B），泛化仅发生在 45°以内，得到一条随着与学习和测量角度差增大而降低的单峰泛化函数（Ghahramani et al.，1996；Krakauer et al.，2000）。

研究者普遍认为，旋转干扰具有方向特异性的根源是低级运动脑区的神经元群具有方向特异性，如初级运动皮层（Paz et al.，2003；Thoroughman & Shadmehr，2000）、小脑（Shadmehr et al.，2010）及前运动皮层（Krakauer et al.，2004；Wise et al.，1998）等。这种理论假设的实质是认为运动学习的局部泛化由自下而上的神经调控决定。

但目前越来越多的证据，包括我们自己实验室的研究证明，运动学习的泛化受到自上而下加工的影响。熟悉性会影响运动学习的泛化程度。有研究发现，随着所学力场复杂程度的增加，泛化程度逐渐变低（Thoroughman & Taylor，2005）。在相似的实验环境下学习运动距离缩放的干扰，克拉考尔等人（2000）发现泛化较宽，范围涵盖 0～180°；而刘子立等人（2011）的研究结果则发现泛化较窄，范围小于 90°。我们认为，泛化范围的差异源自两个研究让被试学习的视觉运动映射

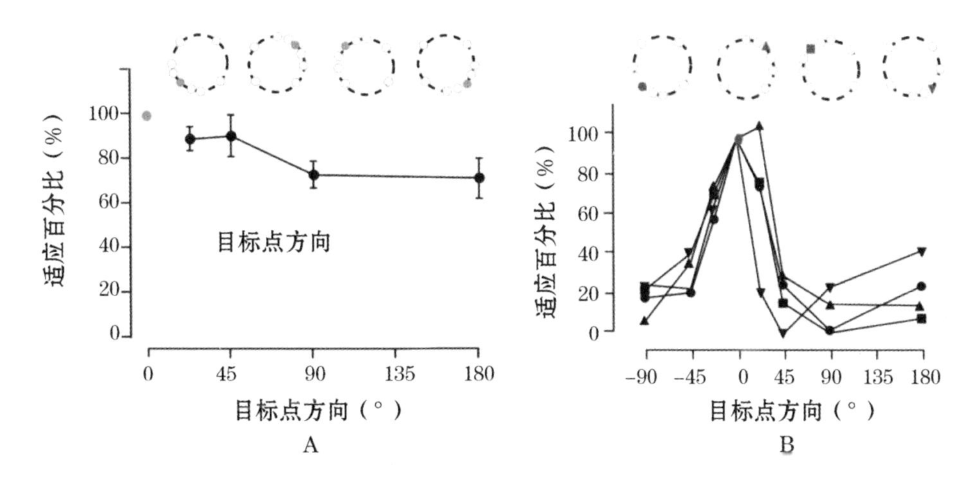

图 1.14 两种视觉运动映射关系的泛化曲线

A：视觉运动缩放的泛化曲线。横坐标为训练方向和测试方向之间的角度差，纵坐标是适应百分比，反映泛化程度。B：视觉运动旋转的泛化曲线。

（图片来源：Krakauer et al.，2000）

关系的复杂度不同。前者是普通的视觉运动缩放干扰，类似操作鼠标的运动，被试对这类干扰非常熟悉；后者是将光标运动与不同手势间建立映射关系，被试对其熟悉度明显较低。我们实验室的研究发现，相对于生活中很少接触的视觉运动旋转干扰，人们对杯子重量改变这类熟悉任务的泛化曲线更宽（Yan et al.，2013）。随后，我们进一步考查了电脑使用经验是如何影响视觉运动缩放学习的泛化曲线的（Wei et al.，2014，图 1.15）。通过一系列心理物理学实验，我们发现，有无电脑使用经验对缩放干扰的学习速率没有影响，但是对学习泛化有着显著的影响：用过电脑的人的泛化幅度和广度超过没用过电脑的人。更重要的是，没用过电脑的人通过两周的电脑训练（主要是鼠标使用训练）可以提高其运动泛化。研究表明，长时间的视觉运动转换造成了现代人对此类感知运动映射的神经表征发生了变化。更重要的是，运动泛化所代表的高级认知成分是可能在短时间内被中枢神经系统掌握并运用于新的学习情境中。运动学习的有限泛化不单是由初级运动皮层的神经调谐曲线决定，而是受到了高级中枢自上而下的调控。

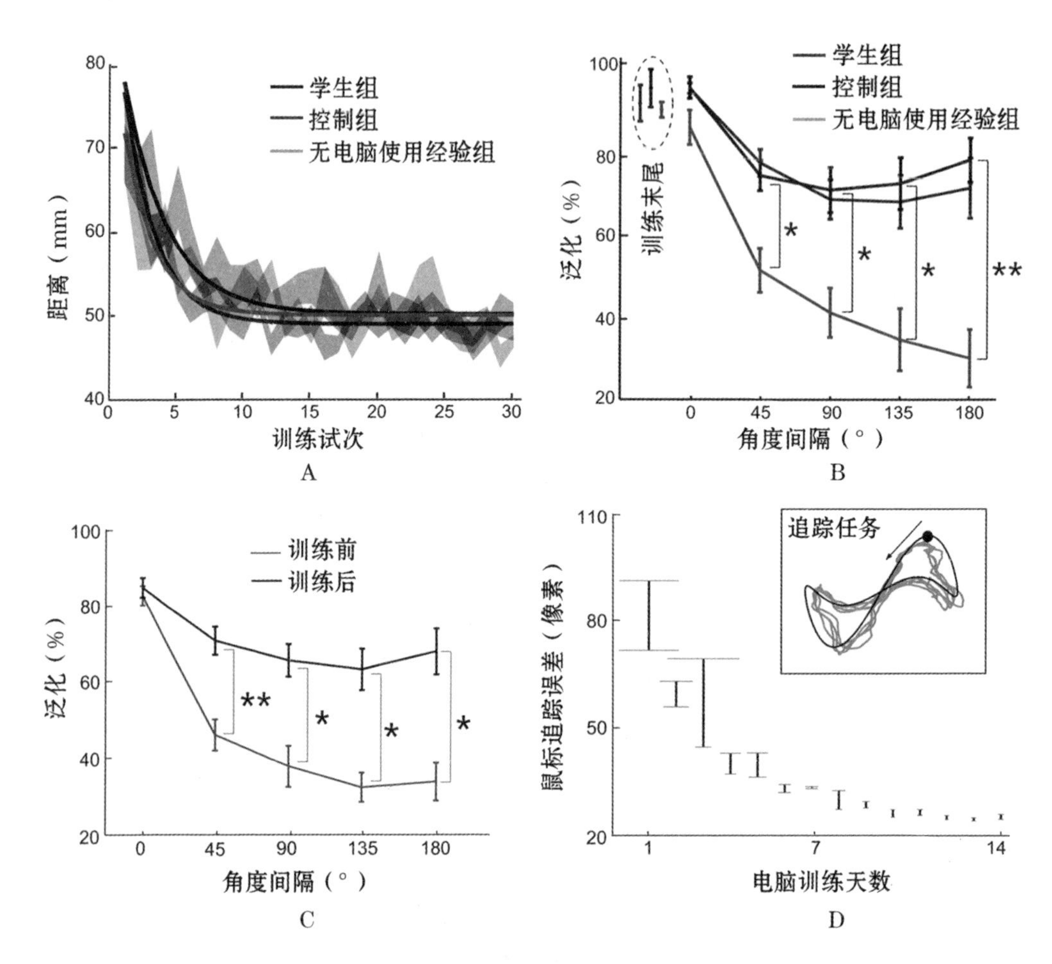

图 1.15 电脑使用经验影响视觉运动缩放泛化的研究结果图

A：视觉运动缩放的学习曲线，三组被试没有显著差异。B：无电脑使用经验组的泛化水平与其他两组相比明显更窄。C：无电脑使用经验组经过两周电脑使用训练，泛化水平明显变宽。D：无电脑使用经验组每天经过电脑训练后，追踪误差都在减小，说明了电脑训练的有效性。

（图片来源：Wei et al.，2014）

对于视觉运动旋转比视觉运动缩放更难泛化的结果，我们可以推测，相比于距离缩放，日常生活中更难见到视觉旋转的干扰。正是我们对这种干扰的不熟悉导致其具有方向特异性。这同样符合知觉学习中的反转层次（reverse hierarchy）模型（Ahissar & Hochstein，1997）：熟悉的任务对我们来说就是相对简单的任务，学习主要发生在高级脑区，故学习易于迁移；不熟悉的任务对我们来说可能就是复杂任务，学习主要是低级脑区负责，故学习不易迁移。

1.5 问题的提出

随着对运动适应学习研究的深入，研究者越来越意识到即便对于这样简单的干扰学习任务，同样伴随着多种学习成分的共同参与加工。适应学习不仅包含无意识的、自动化的内隐学习过程，还不可避免地受到有意识的、有认知成分参与的外显加工过程的影响。然而，研究者对外显知识在运动适应任务中扮演角色的讨论尚处于初期阶段，还远远没有理清外显与内隐成分各自的学习特点与两者之间的相互作用关系。于是本研究从短时记忆、长时记忆和学习泛化三个层面出发，对外显知识在运动适应任务中的特点和作用进行探讨。

1.5.1 外显知识的提取与短时记忆干扰

根据前文所述，当学习达到渐近线水平后，内隐成分占主导，人们较少依赖注意、运动计划等认知资源。但此时，有一种让外显成分得以凸显的方法，即运动想象（motor imagery/mental rehearsal）。运动想象指在工作记忆中有意识地回忆运动细节，但没有任何外在动作发生的过程（Solodkin et al.，2004）。以投篮为例，我们可以不做任何动作，仅在大脑中模拟自己站在哪里，眼睛瞄准篮筐的什么位置，手抬多高，球出手的方向和力度等。在实际的运动执行中，尤其对于熟练任务，运动的目的和计划都是无意识地存在于运动准备阶段的，运动想象则是将这些无意识的运动计划过程上升到意识层面（Jeannerod，1994，1995）。运动想象包括与执行控制、工作记忆、反应准备等相关的注意加工过程（Decety，1996），并涉及有关运动计划和反应选择的神经回路（Gerardin et al.，2000；Hanakawa，Dimyan & Hallett，2008；Jeannerod，2001）。由此来看，运动想象是一个有意识参与的对运动记忆进行提取的过程，涉及更多外显知识的参与。

迄今为止，领域内只考虑了两个相继学习的运动任务之间的干扰，但是，人们在现实生活中会同时学习不同的运动任务。比如学习开车时，我们需要同时掌握如何控制离合器与换挡；篮球训练会同时学习运球和投球等。我们还不清楚同时学习的运动记忆之间是否会产生干扰。然而在陈述性记忆领域，研究者早已深入地研究了同时学习的信息之间如何进行相互干扰。一个经典的发现是提取某种记忆会干扰与之相关记忆的回忆，这一现象被称为“提取诱发遗忘”（retrieval - induced forgetting，RIF：Anderson，Bjork & Bjork，1994）。这种效应只有当被试有意识地主动提取某项目时才会产生，如果只是通过再学习或再暴露来进一步强化这些项目时，该效应则不会发生（Anderson et al.，2000；Bauml & Aslan，2004；Hanslmayr et al.，2010）。如果这样的结论同样适用于运动记忆，将产生如下预测：对于两个同时学习的运动记忆，通过运动想象有意识地提取其中一个记忆会影响接下来另一个记忆的回忆。相反，进一步执行某任务则不会引发记忆间的干扰。这样的假设违反了我们的直觉，因为运动记忆之间的干扰通常采用运动执行来引发。而且，研究者普遍认为运动想象对行为表现的提高有促进作用，而不是对运动记忆有干扰作用。更不用说运动想象还是运动员技能训练及病人康复训练的有效辅助手段（Lotze & Halsband，2006）。

从学习成分的角度考虑，我们假设提取外显知识会引发记忆间的干扰，提取内隐成分则不会。在研究一中，我们将分别使用运动想象与运动执行两种方法对同时学习的两种运动记忆之一进行提取，考查外显知识是否能引发运动记忆间的短时干扰。

1.5.2 外显知识在节省效应产生中所起的作用

随着外显成分在运动适应任务中关注度的逐渐提高，研究者开始认识到节省效应可能反映的是对学习中的外显策略而非内隐成分的回忆。目前，解释节省效应最受认可的观点是外显策略回忆说（Morehead et al.，2015），还有研究直接将节省效应与陈述性记忆相联系（Haith et al.，2015）。另外一个有影响力的解释是错误回忆说（Herzfeld et al.，2014）。两种假说对哪种因素是节省效应产生的必要条件意见不一：外显策略回忆假说强调第一次学习过程中产生外显策略的必要性；错误回忆假说强调被试在第一次学习中必须经历稳定的、与再学习相似的错误信号。

然而，如果不考虑直接以指导语的方式将策略告知被试，那么被试在第一次学习中策略的产生需要依赖明显的错误信号。在错误回忆假说的验证中，经历明显的错误信号就不可避免地引发外显策略的产生。因此，我们并不清楚究竟是第一次学习中外显策略的产生，还是经历相似的错误信号是节省效应产生的必要条件。

此外，错误回忆假说认为对错误的记忆主要是通过提高“快系统”的敏感度来起作用的，而近期的研究将“快系统”与学习中的外显成分相联系（McDougle et al.，2015），这暗示了错误回忆假说同样认为对错误敏感度的提高最终还是通过外显学习成分的提高而使学习加快的。从节省效应的产生原因来看，两个理论都认为外显策略在起作用。

研究二中的第一部分，我们首先探究节省效应产生的必要条件：我们试图使用新异的实验设计将错误信号与外显策略进行分离，考查在仅有错误信号而没有外显策略，既没有明显的错误信号又没有外显策略的情况下，节省效应能否出现。第二部分，我们采用瞄准报告范式，旨在探究外显知识在节省效应产生和表达中所起的作用。

1.5.3 外显知识的泛化特点

对于运动适应学习的方向性泛化，研究者通常采用后效作为测试指标，而后效更多反映的是对内隐成分的记忆，我们尚不知道外显知识的泛化情况如何。对于具有方向特异性的视觉运动旋转学习，很有可能是内隐成分受到了低级脑区神经元活动调谐曲线的限制。外显知识对应的是认知策略的学习，很有可能受高级脑区调控，更容易在方向之间进行泛化。

与运动学习类似，视觉知觉学习对训练刺激的位置或特征（如刺激具体的朝向和方向）具有特异性。早期模型通常把学习特异性归因于早期视觉皮层单个神经元调谐曲线或神经元群活动属性的改变（Karni & Sagi，1993；Schoups，Vogels & Orban，1995；Teich & Qian，2003）。然而，研究者发现利用双重学习（double training）或训练加暴露（training plus exposure，TPE）范式可以消除知觉学习的特异性。例如，通过在非训练位置进行一个无关任务（光栅朝向辨别）的学习，可以使原本只发生在训练位置的对比度辨别学习的能力迁移到非训练位置，使知觉学习变得可以完全迁移（Wang et al.，2014；Xiao et al.，2008；Zhang & Yang，2014；Zhang et al.，2010）。这些结果表明，视觉知觉学习学到的实质上是如何有效完成视觉任务的高层级的规则（如如何辨别刺激的朝向），发生在具有视网膜拓扑结构和特征选择性的早期视皮层以外。知觉学习改变了视觉神经元向高级脑区传输过程中的权重或对高级脑区神经元的活动模式产生了直接的影响，故知觉学习本身应该具有可迁移性。

受知觉学习的启发，运动适应包括外显的学习成分。外显成分对应有意识的、高层级的认知策略的学习。我们猜测对外显知识的学习也是基于规则的学习，应该同样具有可迁移性。研究三将对这一假设进行验证。

2 研究一：外显知识的提取引发短时记忆干扰

2.1 目 的

之前的研究发现，在一种运动记忆刚形成的阶段，新学习的运动技能被储存在短时的工作记忆中，容易受到后续学习的干扰（Tong & Flanagan，2003）。本研究着眼于两种同时学习的运动任务，考查它们在记忆刚形成的阶段是否会发生相互干扰。由于运动适应领域尚无此类研究，我们借鉴了陈述性记忆领域中的研究，同时学习信息之间如何相互干扰的“提取练习范式”（retrieval practice paradigm）。该范式分为学习、提取和测试三个阶段。对于学习阶段，我们需要选取两个可以同时进行学习的运动任务。这里我们假设在随机穿插的训练试次中，被试可以同时学习视觉运动旋转与视觉运动缩放两种映射关系，因为之前有研究表明，这两种学习具有不同的神经机制（Krakauer et al.，2004）。视觉运动旋转的学习与前辅助运动区（pre-supplementary motor area，preSMA）、腹前运动皮层（ventral premotor cortex）、右侧后顶叶皮层（posterior parietal cortex）、左侧小脑（left lateral cerebellum）相关。视觉运动缩放的学习只是与双侧壳核（bilateral putamen）和左小脑（bilateral putamen）等皮层下结构有关。

更重要的是，我们不清楚对运动记忆中外显知识的提取能否引发短时记忆之间的相互干扰。重复练习一个已经熟练掌握的、简单的运动任务时，人们较少依赖注意等认知资源；此时，运动想象则能将外显成分凸显出来，它是有意识地对运动计划、动作细节等进行提取的过程。于是，我们关注使用运动想象对其中一种记忆进行提取，能否干扰另外一种记忆的表达。本研究包含三个实验，它们的区别在于提取阶段中记忆提取的方式不同。具体来说，当被试完全掌握两种映射关系后，实验1采用运动执行的方式对两种运动记忆中的一种进行提取；实验2、实验3均采用有线索提示的运动想象来进行记忆提取：实验2辅之以视觉线索提示，实验3使用机械臂牵引被试的手来被动地完成动作，为被试提供本体感觉线索。在最后的测试阶段，我们计算两种记忆的保留量并进行比较。

2.2 方 法

2.2.1 被 试

112名右利手被试参与本研究。在实验1至实验3中，所有被试学习两种映射关系；三个实验共8组被试，每组12人。这8组被试的平均年龄分别为22.3±4.8岁（标准差，下面相同）、22.3±3.1岁、22.0±2.6岁、21.3±1.7岁、21.2±3.3岁、21.9±2.6岁、23.4±3.7岁及22.9±4.3岁。每组男性被试的数目分别为6、4、5、6、3、7、5、7名。在两个控制组中，招募了另外两组被试，每组8人。要求他们学习单一类型的视觉运动映射关系：视觉运动旋转或缩放。这两组被试的平均年龄分别为21.8±4.0岁、23.4±5.3岁。男性被试的数目分别为3名和2名。所有被试均不清楚实验目的，签署了知情同意书，实验后获得一定报酬。所有实验流程均通过了北京大学人类被试审查委员会的批准。

2.2.2 实验设备

被试坐在桌子正前方，在桌面上移动他们的右手。一块半透明玻璃水平地放置在胸部位置，挡住了他们的视线，使其看不到自己手和手臂的运动。食指指尖佩戴一个红外传感器，其运动情况通过一台频率为200 Hz，分辨率为0.05 mm的运动捕捉系统（Codamotion，Charnwood Dynamics公司）进行采集。视觉反馈通过一台LCD投影仪（显示频率为75 Hz；宏基P1270）从高于背投屏幕1.45 m的地方投射下来。影像再反射到半透明玻璃上，供被试观看（图2.1）。

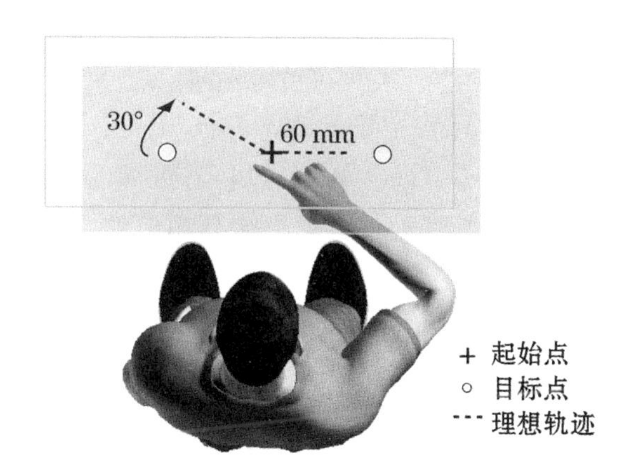

图 2.1 研究一的实验设备和对屏幕上起始点、目标点、理想轨迹的展示

当手向左侧目标点运动时，被试经历方向性偏转的干扰；向右侧目标点运动时，经历距离缩放的干扰。

2.2.3 实验设计

要求被试在连续的试次中，向两个水平方向呈现的目标点之一做无更正的直线够物运动（图 2.1）。两个白色圆形目标点与起始点的间距为 100 mm，直径为 4 像素。被试向两个不同的目标点运动时，会经历两种不同的视觉干扰。当被试向左侧目标点运动时，他们经历视觉运动旋转的干扰：视觉反馈向逆时针方向偏转 30°；当被试向右侧目标点运动时，他们经历视觉运动缩放的干扰，缩放比例为 0.6∶1，即手运动 6 cm 对应光标运动 10 cm。于是，被试需要朝左上 30°的方向运动来对抗旋转干扰，水平向右运动 60 mm 对抗缩放干扰。

每个试次开始前，被试将自己的右手食指放置在固定于桌面中心位置、直径为 4 mm 的圆片上。这个圆片用来帮助被试找到每次运动的起始点。屏幕上视觉起始位置是一个黄色的十字（每条线长 4 像素），呈现在圆片的正上方。只有当手指位于起始点 8 mm 附近时，代表右手食指的绿色圆形光标（直径为 4 mm）才会呈现。当手指在起始点停留 100 ms 后，两个目标点其中之一亮起，电脑扬声器同时播放一个声音来提醒被试开始运动。当他们结束运动时，扬声器播放一个不同的声音提醒他们回到起始点准备下一次运动。为保证被试可以有效地学习这两种任务，我们采用了学习两种干扰最常用的两种反馈形式：对视觉运动旋转干扰给予连续反馈（Krakauer et al.，2005；Tong & Flanagan，2003）；对视觉运动缩放干扰给予终点反馈：光标在运动过程中不出现，当被试停止运动时，光标短暂呈现 100 ms（Pearson et al.，2010；Wei et al.，2014）。近期的一项研究表明，这两种反馈形式对视觉运动旋转的学习所产生的影响是相似的（Taylor，Hieber & Ivry，2013）。如果被试运动过慢（运动时间长于 550 ms），扬声器会发出一个难听的响声警告。正式数据采集之前，被试在练习阶段熟悉所要求的运动速度。

2.2.3.1　实验 1

本实验的目的在于研究两种同时学会的视觉运动映射关系，用以内隐成分占主导的运动执行作为记忆提取方式，提取某一任务是否会对另一任务的短时记忆产生干扰。实验分为熟悉、训练、提取与测试四个阶段。实验为被试间设计，三个被试组的唯一区别在于提取阶段的提取内容不同。在熟悉阶段中，被试在没有任何视觉干扰的情况下，随机向每个目标点各运动 10 次。在接下来的训练阶段中，被试在前面提到的有视觉干扰的情况下，以随机顺序向每个目标点各运动 75 次。其中包含 10 个（每个方向 5 次）捕获试次（catch trials），呈现在学习已经达到稳定的第 30 个试次之后，期间没有光标呈现。在三个被试组唯一不同的提取阶段中，控制组被试不需做任何运动任务，只要盯着屏幕上呈现的数字进行默读。另外两组被试一组连续向左（旋转提取组），另一组连续向右（提取缩放组）运动 20 次，伴随着相应的视觉干扰。提取阶段大概持续 1 min。在最后的测试阶段中，被试在没有视觉反馈的情况下，以随机顺序朝向每个目标点运动 5 次，测量被试对两种干扰的短时记忆。

2.2.3.2　实验 2

本实验的目的在于研究将以外显成分为主的运动想象作为记忆提取方式，提取一个任务是否会干扰另外一个任务的回忆。实验 2 同样是被试间设计，与实验 1 共用同样的控制组。除了提取阶段，流程与实验 1 相同。被试不是通过运动执行对任务进行提取，而是通过主动想象向左侧（旋转提取组）或右侧目标点运动（提取缩放组）的情形进行记忆提取。为了帮助被试进行运动想象，我们为他们提供了在训练阶段通常看到的视觉线索：起始位置熄灭，目标点亮起表示运动开始；目标点熄灭表示运动结束；起始位置亮起表示让被试重新回到起始点。这些视觉刺激的呈现时间是根据被试在训练阶段最后 20 次运动的平均时间来决定的。为了确保被试能形成运动的体觉图像，我们要求被试报告他们是否能感受到自己手臂的移动（Deiber et al.，1998；Lacourse et al.，2005），所有被试都表示自己能感受到。代表手指的光标在提取过程中没有移动，只是在起始点位置短暂地停留 1 s。提取阶段同样持续 1 min。

2.2.3.3 实验 3

本实验的目的依然是验证外显成分能否干扰未提取记忆的回忆，但这次我们使用机械臂带动被试进行被动运动来帮助被试进行运动想象。除了提取阶段，流程与实验 1 相同。但由于使用机械臂，提取时间约为 90 s，略长于实验 1。因此，我们招募了新的控制组被试，在提取阶段的 90 s 内不做任何手臂运动任务。对于两个测试组，被试手握机械臂（PHANTOM Desktop，SensAble）的尾端，把它的关节处放置在起始点位置。要求被试手部放松，不要干扰机器的运动。被试的手被拉向左侧（旋转提取组）或右侧目标点（提取缩放组），同时给予被试类似实验 2 的视觉反馈。被动运动结束时，被试主动将机械臂拖回到起始点位置。我们设定机械臂的运动在轨迹位置和时间上与被试在训练阶段后期的平均运动情况相似。提取阶段共包括 20 个试次。

2.2.4 数据分析

我们分别使用手运动的方向性偏差和距离偏差来量化被试在视觉运动旋转和缩放的行为表现。方向性偏差指目标方向（左侧目标点所在方向的顺时针 30°）与手实际运动方向（起始点和运动终点所决定的矢量的方向）的角度偏差。距离偏差指的是目标长度（60 mm）与实际运动长度之间的差异。随后，将这两种偏差转换为学习比例。对于视觉运动偏转，学习比例为

$$100 \times \left(1 - \frac{\text{方向偏差}}{30^\circ}\right)。$$

对于视觉运动缩放，学习比例为

$$100 \times \left[1 - \frac{\text{距离偏差}}{100 \times (1 - 0.6)}\right]。$$

记忆提取前，训练阶段的学习情况由学习晚期随机散布的捕获试次和最后5个训练试次来衡量。记忆保留量由提取后测试阶段的表现来衡量，记忆衰减则为训练阶段最后5个试次与测试阶段5个试次学习百分比的差异。

我们最感兴趣的是与控制组未进行任何记忆提取的基线条件相比，提取能否造成记忆干扰。因此，我们将每个测试组与相应的控制组进行双样本 t 检验，使用单因素方差分析进行多组比较。对记忆衰减进行跨实验比较时，采用三元混合设计的方差分析（3个实验×2个组×2种记忆类型），其中记忆类型为重复测量的因素。采用最小显著差异进行事后检验（least significant difference，LSD）。显著水平控制在 $\alpha = 0.05$。

2.3 结 果

2.3.1 实验1：采用运动执行进行提取不会造成记忆干扰

当两种干扰以随机穿插的形式呈现给被试时，被试可以同时对它们进行学习。两种学习在20个试次后达到稳定（图2.2 A）。我们发现第31～35个试次的平均学习水平与训练阶段最后5个试次没有显著差异（例如，对于控制组的旋转和缩放学习，$t_{(11)} = 2.09, 1.98$；$p > 0.05$）。另外，我们比较了捕获试次与训练阶段的最后5个试次，发现同样没有显著差异（例如，对于控制组的旋转和缩放学习，$t_{(11)} = 2.09, 1.98$；$p > 0.05$），因此可以说，被试有效地学习了两种视觉运动映射关系。

训练阶段，不同组的被试达到了相似的学习水平。对于视觉运动旋转，控制组、旋转提取组与提取缩放组的最后5个训练试次的平均学习百分比分别为90.7%±2.0%（标准误，下同）、86.4%±2.2%及87.3%±1.5%。对于视觉运动缩放，三组被试所达到的学习百分比分别为：97.3%±1.4%、98.0%±1.9%及94.3%±2.0%。重要的是，单因素方差分析表明旋转和缩放学习在不同组的学习之间没有显著差异（$F_{(2,33)} = 1.40, 1.22$；$p = 0.26, 0.31$）。换言之，每组被试在提取记忆前达到了相似的学习水平（图2.2 B，图2.2 C）。这样的学习程度与前人文献报告的单独学习一种视觉运动映射关系是类似的（Pine et al.，1996）。

事实上，学习一种单一的视觉运动映射关系与同时学习两种映射关系的学习速率与学习程度相似。在控制实验中的单一映射关系学习组，对于旋转和缩放，最后 5 个训练试次的平均学习百分比分别是 90.8% ±2.9% 和 98.4% ±1.9%。这样的学习水平与同时学习两个视觉运动映射关系的实验组在统计上没有差异。例如，两个控制实验组旋转和缩放学习的程度与旋转提取组相比均没有差异（$t_{(16)}$ = 1.24，0.14；$ps > 0.05$）。对于学习速率，我们找到第一个与后 5 个训练试次（学习平台期）的平均值没有显著差异的试次。如果下一个试次同样与学习平台期没有显著差异，那么这个试次就被认为是被试成功学会映射关系的时间点。对于两种映射关系同时学习的组（以旋转提取组为例），被试分别在第 7 个和第 12 个试次学会旋转和缩放。对于只学习单一映射关系的组，被试分别在第 7 个和第 8 个试次学会旋转和缩放。因此，只学习单一映射关系的组和两种映射关系同时学习的组的学习速率非常相似。这些结果表明，被试能够同时学习两个不同的视觉运动映射关系，其学习程度和速率与单独学习其中任何一种映射关系的组类似。在接下来的分析中，我们使用最后 5 个训练试次的平均值来量化第一阶段的学习程度。

提取阶段之后（对于控制组是休息相同的时间之后），在测试阶段三组被试对两种记忆都表现出了衰退：控制组、旋转提取组、提取缩放组对于旋转记忆的保留分别是 76.4% ±9.8%、78.1% ±4.6% 及 68.4% ±8.7%（图 2.2 B）。这三组对于缩放记忆的保留分别是 81.9% ±6.3%、76.9% ±6.0% 及 75.9% ±4.2%（图 2.2 C）。重要的是，通过运动执行进行提取，并没有提高提取记忆的记忆保留，也没有对未提取记忆造成损害（对于所有比较，$ps > 0.05$）。这一结果可进一步采用记忆衰退（训练后期和测试阶段之间的差异）来证实。记忆衰退在各组比较之间差异也均不显著（$ps > 0.05$，图 2.2 D）。综合来看，上述结果表明，通过执行提取某一记忆并不会损害对同时学习的另一种记忆的回忆。

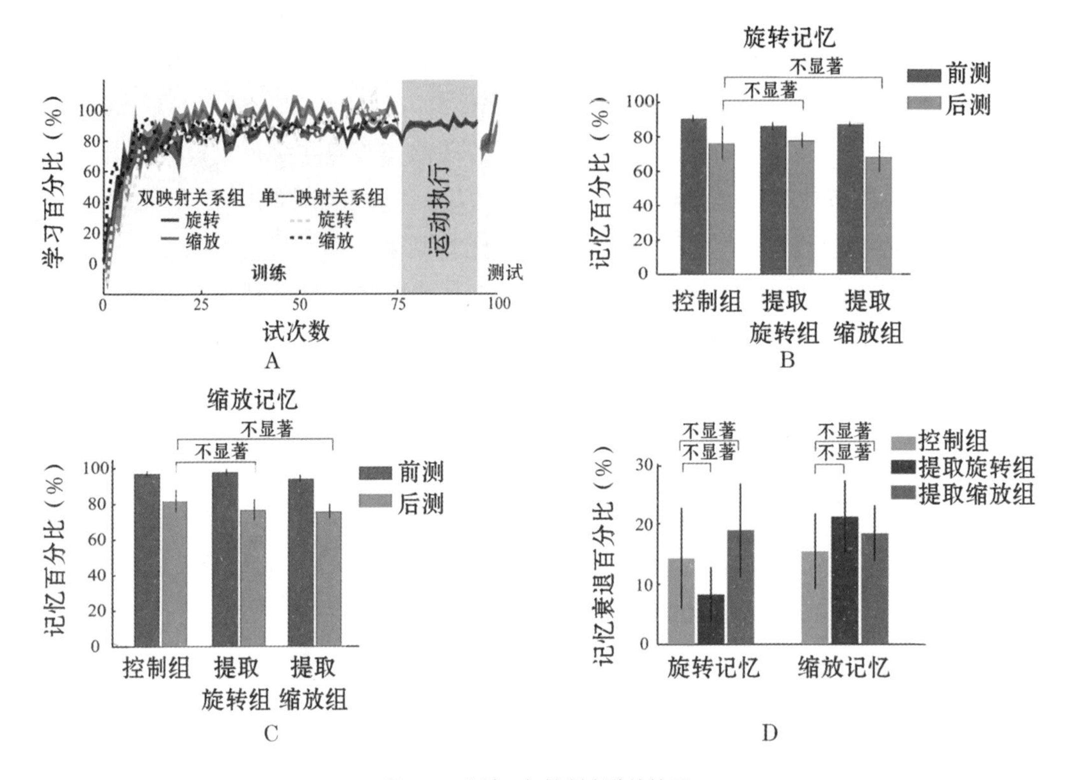

图 2.2　实验 1 与控制实验的结果

A：以试次为单位，旋转和缩放学习的百分比。作为同时学习两种映射关系的代表，旋转提取组展现的是组平均 ± 标准误。两个仅学习单一映射关系的组（控制实验）只显现了被试的平均学习情况。对于同时学习两种映射关系的组，在测试时，两种记忆大多保持完整，只有小部分衰退。B：所有组在提取前和提取后对于旋转学习的记忆。C：所有组在提取前和提取后对于缩放的记忆。D：将旋转和缩放记忆分开呈现的每组记忆的衰退量。误差线代表了每组的标准误。

2.3.2　实验 2：采用有视觉线索提示的运动想象进行提取可以引发记忆间的干扰

被试可以同时学习两种记忆，如同实验 1 所描述的一样（图 2.3 A）。对于旋转提取组，旋转和缩放在训练阶段后期的平均学习百分比分别为 90.6% ±2.0% 和 97.0% ±2.6%。对于提取缩放组，为 89.9% ±2.0% 和 96.1% ±2.3%。我们对三组（控制组、旋转提取组、提取缩放组；使用实验 1 的控制组）的学习百分比进行单因素方差分析，发现不管是旋转还是缩放记忆，都没有显著差异（$F_{(2,33)}$ = 0.05，0.08，p = 0.96，0.92）。这保证了在提取前，三组学习达到了相似的水平（图 2.3 B、C）。

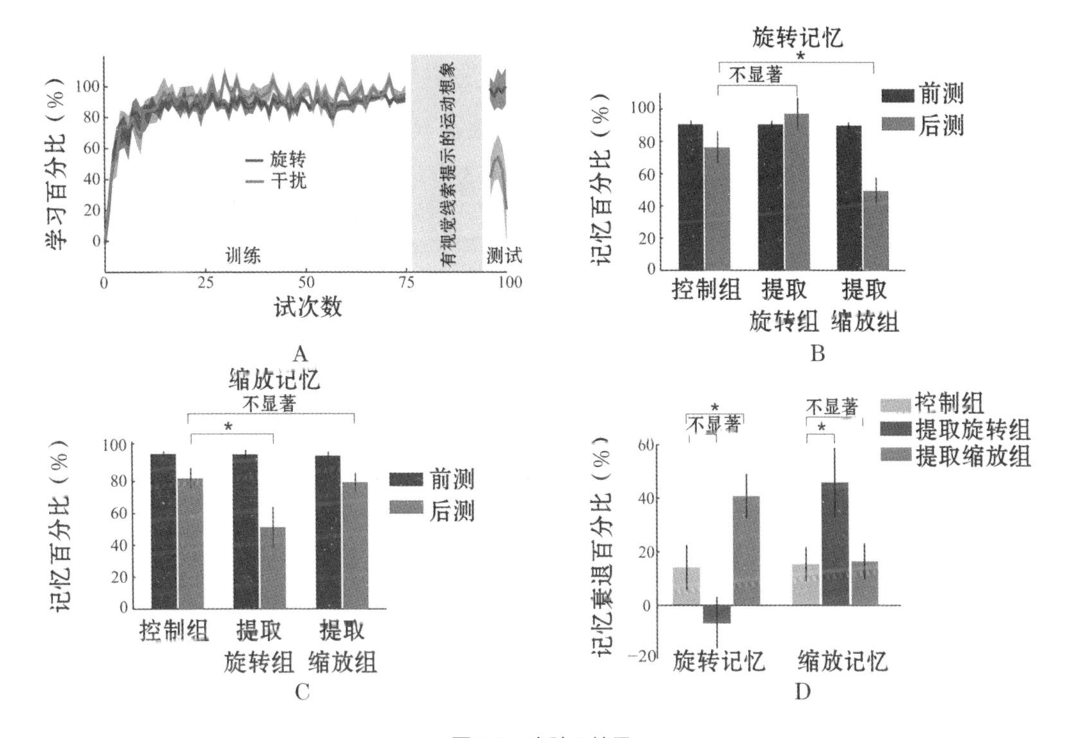

图 2.3 实验 2 结果

A：以试次为单位，视觉运动旋转和缩放的学习百分比（这里只展现了旋转提取组）。测试阶段，被提取的旋转记忆基本保持不变，未被提取的缩放学习的衰减明显变多。B：所有组在提取前和提取后对于旋转学习的记忆。C：所有组在提取前和提取后对于缩放学习的记忆。D：将旋转和缩放记忆分开呈现的每组记忆的衰退量。误差线表示每组的标准误。

* 代表 $p < 0.05$。

在提取阶段后（或相同的休息时间过后），所有被试均展现出了记忆衰退（图 2.3）。重要的是，衰退的情况取决于提取的内容。与控制组相比，提取旋转记忆的被试对于旋转记忆的保留相似，但对于缩放记忆的保留明显变差（比较控制组和旋转提取组测试阶段的表现，对旋转和缩放的记忆分别是 $t_{(22)}$ = 1.50，2.14；p = 0.15，$p < 0.05$；d = 0.64，0.91）（图 2.3 B，图 2.3 C）。类似的，对于提取缩

放记忆的被试，他们在缩放学习上表现出相似的记忆保留，但是对于旋转学习的记忆保留明显变少（控制组和提取缩放组比较，对旋转和缩放的记忆分别是 $t_{(22)}=2.12$，0.06；$p<0.05$，$\eta_p^2=0.96$；$d=0.90$，0.03；图 2.3 B，图 2.3 C）。这种依赖提取的记忆衰减模式可以通过比较记忆衰减量来进一步验证（图 2.3 D）。记忆衰减在三组之间显著不同（对于旋转和缩放记忆，$F_{(2,33)}=7.33$，3.76；$p<0.01$，0.05；$\eta_p^2=0.31$，0.19）。旋转学习的记忆衰减在提取缩放记忆后明显变大（控制组为 14.3% ±8.3%，提取缩放组为 40.7% ±8.3%；$p<0.05$，LSD 检验）。相似地，当被试提取旋转记忆时，缩放学习的衰退是控制组的 3 倍多（控制组为 15.4% ±6.1%，旋转提取组为 45.7% ±13.0%，$p<0.05$，LSD 检验）。综上，这些结果表明用运动想象的方法提取其中一种记忆会使另外一种记忆的回忆受损。

2.3.3 实验 3：采用有本体感觉线索的运动想象进行提取可以引发记忆间的干扰

在提取阶段，被试只是简单、放松地让机械臂将他们的手拖到目标点。被动运动的轨迹与主动运动的轨迹非常相像（图 2.4 A）。我们比较了后 20 个训练试次和 20 个被动运动试次的平均运动方向、距离和持续时间。这些在旋转提取组都是没有显著差异的（$t_{(11)}=0.96$，0.32，0.45；$p>0.05$；配对 t 检验）。对于提取缩放组，在平均运动方向、距离和时间方面，也没有显著差异（$t_{(11)}=1.27$，0.23，1.07；$p>0.05$）。这些结果表明，机械臂产生的被动运动与被试在训练阶段的主动运动在运动学上的特点非常相似，符合我们试图通过给被试提供相应的本体感觉来促进他们有意识地进行记忆提取的目标。

对于学习表现，我们首先确定控制组、旋转提取组和提取缩放组的被试在训练后期达到了相似的学习程度（对于旋转和缩放分别进行单因素方差分析，$F_{(2,33)}=0.07$，0.12；$p=0.932$，0.887；图 2.4 B，图 2.4 C）。提取阶段后，所有组的被试在两种学习上都表现出记忆衰减（图 2.4）。记忆衰减的情况同样取决于提取情况。与控制组相比，提取旋转学习的被试对旋转记忆的保持相似，但在缩放记忆的保持上明显变差（对于测试阶段的表现，控制组与旋转提取组相比，旋转和缩放记忆分别是 $t_{(22)}=0.08$，3.00；$p=0.94$，$p<0.01$；$d=0.03$，1.28；图 2.4 B，图 2.4 C）。相似地，提取缩放学习的被试在缩放学习上表现相似，但在旋转学

习上记忆保留明显变差（控制组与提取缩放组相比，旋转和缩放记忆分别是 $t_{(22)}$ = 2.46，1.02；$p<0.05$，$\eta_p^2=0.32$；$d=1.05$，0.43；图 2.4 B，图 2.4 C）。这种依赖提取的记忆衰减模式可以通过进一步比较记忆衰减量来检验（图 2.4 D）。记忆衰减在三组中明显不同（对于旋转和缩放记忆，$F_{(2,33)}=4.69$，4.96；$ps<0.05$；$\eta_p^2=0.22$，0.23）。旋转学习的记忆衰减在提取缩放记忆后明显变大（控制组为 24.4% ±6.8%，提取缩放组为 50.8% ±7.9%；$p<0.05$，LSD 检验）。相似地，当被试提取旋转记忆时，缩放学习的衰退明显变大（控制组为 16.9% ±7.0%，旋转提取组 48.6% ±8.3%，$p<0.05$，LSD 检验）。因此，结果表明，使用被动运动来帮助运动想象的方式提取一个运动记忆能损害另一个记忆的短时回忆。

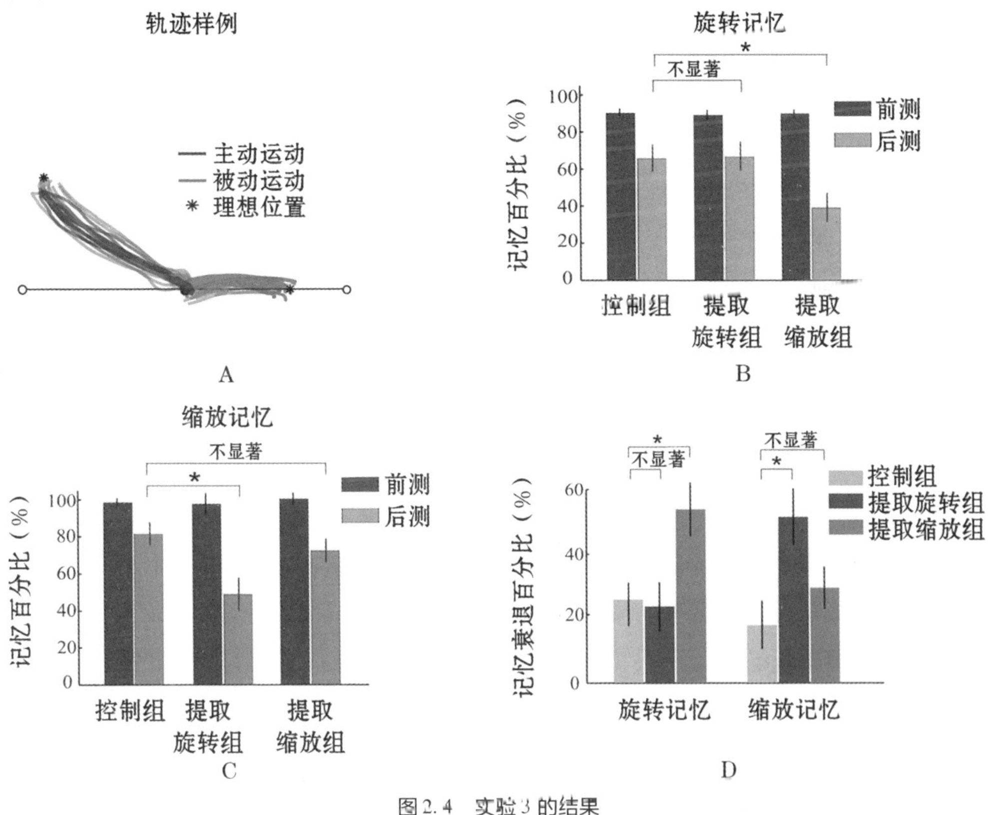

图 2.4　实验 3 的结果

A：两个典型被试在最后 10 个训练试次和 10 个被动运动试次的运动轨迹（左侧轨迹来自旋转提取组，右侧轨迹来自提取缩放组）。B：所有组在提取前和提取后的旋转记忆。C：所有组在提取前和提取后的缩放记忆。D：每个组记忆衰减的程度。误差线表示每组的标准误。

* 代表 $p<0.05$。

2.3.4 跨实验比较

为了直接比较三组实验的记忆衰减，我们进行了三元混合设计的方差分析（3个实验 ×2 个组 ×2 种记忆类型）。实验的主效应显著（$F_{(2,66)} = 6.43$，$p < 0.01$，$\eta_p^2 = 0.16$），事后检验表明，实验 3 的记忆衰减明显大于实验 1（37.40% ±4.16% 与 16.69% ±6.69%，$p < 0.01$），有可能是因为实验 3 的提取时间（90 s）比实验 1（60 s）长。记忆类型和组的主效应不显著（$F_{(2,66)} = 2.77$，1.23，$p = 0.10$，0.27）。

记忆类型和组的交互作用显著（$F_{(2,66)} = 31.40$，$p < 0.001$，$\eta_p^2 = 0.32$）。配对比较表明，旋转提取组中缩放记忆的衰减程度明显大于旋转记忆（38.47% ±4.77% 与 8.01% ±4.86%，$p < 0.001$），提取缩放组中旋转记忆的衰减程度明显大于缩放记忆（36.82% ±4.45% 与 20.30% ±4.57%，$p < 0.01$）。这些效应与在单个实验中发现的依赖提取的干扰模式一致。

实验、记忆类型和组的三重交互效应显著（$F_{(4,66)} = 5.02$，$p < 0.01$，$\eta_p^2 = 0.13$）。配对比较表明，对于旋转提取组，缩放记忆的衰退在实验 2、实验 3 比实验 1 大（$ps < 0.05$），说明缩放记忆在有视觉线索提示和机械臂帮助下的运动想象的衰减要多于运动执行。对于旋转记忆，除了实验 3 的衰减大于实验 2 以外（$p < 0.05$），其余比较没有差异（$ps < p < 0.05$）。综合来看，在提取旋转记忆之后，缩放记忆在运动想象条件下的衰减更多。

对于提取缩放组，旋转记忆的衰减在实验 2（$p < 0.05$）和实验 3（$p < 0.01$）比实验 1 要大，说明旋转记忆在有视觉线索提示和机械臂帮助下的运动想象的衰减要多于运动执行。缩放记忆的衰减在 3 个实验中没有显著差异（$ps > 0.05$），再一次印证了在单个实验中发现的依赖于提取的干扰效应。

综上，跨实验的比较证实了使用运动想象相对于运动执行进行记忆提取，提取其中一种记忆使另一种同时学习到的记忆衰减更多。

2.4 讨 论

在这项研究中，我们发现被试可以同时学习两种不同的视觉运动映射关系。重要的是，通过运动想象而非运动执行提取其中一种运动记忆（如视觉运动旋转）会影响另外一种记忆（如视觉运动缩放）的短时表达。这种干扰效应独立于提取的内容，因为通过运动想象提取视觉运动记忆的任何一种都会导致另一种记忆的回忆受损。

一个非常有趣的发现是，有意识地提取而非运动执行会使同时学习的两种记忆产生干扰。我们猜测这是由运动想象所涉及的功能特点和神经机制所决定的。运动想象被定义为在工作记忆中有意识地回忆运动动作，而没有任何外显的动作发生（Solodkin et al.，2004）。尽管运动执行和运动想象在功能方面具有很大的相似之处，尤其在运动准备（motor preparation）阶段（Decety et al.，1994；Grafton et al.，1996；Grezes & Decety，2001；Stephan et al.，1995），但它们之间还是有很多差异的。运动准备完全是无意识的加工过程，然而运动想象不可避免地包括有意识的加工，在大脑中对动作进行图像式回忆（Annett，1995；Jackson et al.，2003；Jeannerod，1994），而且，运动准备通常是简短的。运动想象包括持久的、与执行控制、工作记忆和反应准备等相关的注意加工过程（Decety，1996）。更重要的是，大量证据表明，运动想象与相应的运动执行相比，涉及更多有关运动计划和反应选择的神经回路。这些脑区包括前额叶（Jeannerod，2001）、中央前沟、辅助运动区（Gerardin et al.，2000；Hanakawa et al.，2008）、左后顶叶区（Gerardin et al.，2000；Hanakawa et al.，2003）、楔前叶（Hanakawa et al.，2003）及基底神经节（Gerardin et al.，2000；Jeannerod，2001）。其中，前额叶皮层、辅助运动区和基底神经节参与选择合适的、排除不相关的运动计划（Decety，1996；Jeannerod，1994，2001）。因此，我们有理由推断，通过运动想象提取一种记忆，会对与之形成竞争的记忆产生抑制。这个过程在运动想象期间比运动执行期间更加显著。可能正是这种抑制效应使我们观察到，在即时测试的过程中，未被提取的记忆受到了干扰。

运动执行不能引发干扰效应可能与运动学习的功能性阶段有关。脑成像的研究表明，早期学习强烈依赖前额叶皮层，后期学习皮层下的脑区活动增强（Ashby，Turner & Horvitz，2010；Doyon & Benali，2005；Floyer – Lea & Matthews，2004）。与学习相关的激活从大脑前部向后部移动反映了对注意资源和执行功能依赖的逐渐减少（Dayan & Cohen，2011；Floyer – Lea & Matthews，2005；Lashley，1950）。当学习达到接近渐近线水平的时候，重复性地对同一动作再做练习时，对注意资源和执行功能的依赖会更为减少（Ashby et al.，2010；Dayan & Cohen，2011；Doyon & Benali，2005；Schneider & Shiffrin，1977）。因此我们猜测，在完全学会两种视觉运动映射关系后，进一步练习其中一种（实验 1），包括很少受前额叶调控的执行控制和反应选择等过程，从而降低两种记忆的相互竞争。因此，与运动想象不同，主动执行某运动记忆对应的动作时，并不会影响另一种记忆的提取。

在运动学习领域中，任务之间的干扰通常由运动执行引发（Krakauer et al.，1999；Shadmehr & Brashers – Krug，1997；Shadmehr & Holcomb，1997）。然而我们的研究表明，练习一个相反任务并不是记忆之间产生干扰的必要条件。有意识地进行运动想象可以是实现这一目标新异而方便的手段。然而，我们尚不清楚这种提取诱发的遗忘是短暂的，还是如同逆行性干扰（retrograde interference）一样是持久的（Brashers – Krug et al.，1996；Miall et al.，2004；Shadmehr & Brashers – Krug，1997）。

从运动学习成分的角度考虑，对于已经熟练掌握的运动任务，进一步进行运动练习时，主要是内隐成分在起作用，基本不再需要依赖注意资源与执行功能等外显认知成分。运动想象则是一个有意识参与的、对运动记忆进行提取的过程，更多地体现了外显知识的参与。因此，对于两种同时学会的运动任务，对运动记忆中外显知识的提取能够引发短时记忆之间的相互干扰。

运动想象可以影响未提取记忆的回忆，与陈述性记忆领域中的提取诱发遗忘效应非常相似。当一个已经学习过的单词被有意识地提取后，人们对与之相关但未被提取的单词的回忆变差（Anderson et al.，1994；Chan，2009；MacLeod & Macrae，2001；Saunders，Fernandes & Kosnes，2009）。有研究者提出感知运动记忆与陈述性记忆之间的平行关系（Krakauer，2009；Krakauer et al.，2005），但尚未得到系统性验证。我们的结果第一次为这个假设提供了证据，并与感知运动记忆和陈述性记忆相互影响，甚至与共享相似的认知资源等证据相呼应（Brown & Robertson，2007a，2007b；Keisler & Shadmehr，2010）。提取诱发遗忘效应本身是一个非常稳定、普遍的现象，出现在不同类型的记忆中，包括语义记忆（Anderson et al.，1994；Levy et al.，2007）、情景记忆（Ciranni & Shimamura，1999；Garcia－Bajos，Migueles & Anderson，2009）、程序性记忆（Tempel & Frings，2012）等。我们猜测，工作记忆在引发 RIF 的过程中起到了关键作用，因为不管哪一种记忆系统，提取都不可避免地会涉及工作记忆。这种假设得到了近期一项研究的支持，研究者发现拥有更高工作记忆容量的被试产生的提取诱发遗忘效应更小（Mall & Morey，2013）。

在陈述性记忆领域中，关于提取诱发遗忘效应产生的原因依然有抑制说和非抑制说两种争论（Anderson，2003；Perfect et al.，2004；Williams & Zacks，2001）。抑制说认为遗忘是一个主动的过程，通过直接抑制未提取的记忆来解决记忆间的竞争。非抑制说认为遗忘仅仅是由强化练习项目引发的竞争增强而产生的基于强度的干扰。我们的结果不符合非抑制说的解释，因为实验 1 通过运动执行增加了练习项目的强度，但未能影响未提取记忆的表达。

我们的研究表明，运动想象可以对运动记忆造成破坏性的影响。有趣的是，目前流行的观点认为运动想象会促进运动学习。在运动员训练和康复训练（Lotze & Halsband，2006）中，运动想象通常作为实际训练的有效辅助手段，不仅不会使记忆受损，还会使学习效果得到提高（Yue & Cole，1992）。研究结果说明，事实上我们不能忽略当对多种相关运动学习的部分记忆进行提取时，运动想象可能带来的有害作用。

对记忆回忆的损害可能与在精英运动员身上发现的阻塞效应（choking effect）有关（Baumeister，1984；Baumeister & Showers，1986；Kimble & Rezabek，1992）。即便他们展示的运动技能都是经过无数遍练习，不需要工作记忆参与的，但在重大比赛的压力情境下，他们时而还是会表现欠佳（Jordet，2009；Willingham，1998）。有研究提出对每一步程序的过分关注会损害学得很好的、已达到程序化的行为表现（Beilock & Carr，2001；Beilock et al.，2002；Jackson，Ashford & Norsworthy，2006；Pijpers，Oudejans & Bakker，2005）。这种解释与我们的发现一致，在我们的实验中，运动想象同样需要注意运动的细节，这反过来会引发记忆回忆的受损。这也暗示了阻塞效应可能与运动记忆的有意识提取相关联。

2.5 结 论

本研究通过 3 个实验表明，被试可以同时学习两种不同的视觉运动映射关系，且与单独学习其中任何一种的学习程度和速度相似。重要的是，我们发现通过有意识的运动想象而非运动执行来提取其中一种运动记忆，会影响另外一种记忆的即时回忆。受意识、注意等调节的加工过程会影响运动记忆的表达。对于两种同时学会的运动任务，提取运动记忆的外显成分能够引发短时记忆之间的相互干扰。我们猜测，运动记忆和陈述性记忆可能以外显知识为桥梁，经由工作记忆共享某些认知和神经机制。我们的研究首次说明了运动想象可能会对运动记忆造成损害。

3 研究二：外显知识在节省效应产生中所起的作用

3.1 目 的

节省效应是运动学习形成长时记忆的重要标志之一。研究者逐渐认识到，运动适应学习除包含无意识的自动化的加工过程外，外显成分也起到重要作用。人们对节省效应产生原因的解释也逐渐由内隐成分转向外显成分。目前，最受认可的两种解释理论分别是错误回忆说（Herzfeld et al.，2014）和策略回忆说（Morehead et al.，2015）。两种假说对节省效应产生的条件有各自的看法。前者认为，第一次学习必须经历与再学习相似的错误信号；后者认为，第一次学习生成的外显知识是该效应产生的必要条件。然而，在一般实验中的初始学习阶段，被试既可以看到相似的错误信号，又因为看到这样的错误信号进而导致外显策略的形成。我们不能区分究竟是相似的错误信号还是外显策略才是节省效应产生的必要条件。在本研究的实验1中，我们试图利用一系列新异的实验设计，将两种可能的因素区分开，探讨节省效应产生的必要条件。

关于节省效应产生的原因，两种理论都倾向于认为学习速度的加快其实反映了对外显策略的使用。策略回忆说则明确提出内隐成分不会对提高再学习的速率产生任何贡献。实验2中，我们将采用瞄准报告范式（Taylor et al.，2014），将外显成分和内隐成分进行分离，探讨不同条件下节省效应的产生原因。

3.2 方 法

3.2.1 被 试

共有72名右利手被试参与本研究（其中男性30名，平均年龄为24.2岁±3.1岁）。实验1和实验2各有3个被试组，实验1每组10人，实验2每组14人。所有被试从来没参加过类似实验，不了解实验目的。实验前，所有被试签署了经北京大学人类被试审查委员会批准的知情同意书，并于实验后获得一定报酬。

3.2.2 实验设备

与研究一类似。视觉刺激呈现在一个竖直放置的15 inch（38 cm×25 cm）LCD电脑屏上（Dell品牌），屏幕分辨率为1280×1024像素。被试手握一根磁感笔，在数位板上做水平运动（Intuos 4；Wacom品牌）。数位板空间分辨率为0.005 mm，轨迹采样率为100 Hz。在屏幕下，数位板正上方放置一块黑色挡板，防止被试看到自己手和上臂的运动。被试座椅高度可调，使屏幕正好处于被试视线高度。

3.2.3 实验设计

被试做从中心向外周的直线运动。当被试移动笔尖使绿色圆形光标（直径为3.5 mm）回到屏幕正中心5 mm范围内，运动正式开始。当被试在起始点位置停留500 mm后，屏幕呈现一个直径为7 mm的白色圆形目标点，以及实验2的数字标志。目标点可能出现在8个位置中的任何一个，它们组成一个直径为5 cm（实验2为8 cm）的圆环，两两间隔45°（0°，45°，90°，135°，180°，-135°，-90°及-45°，如图3.1 A所示）。对目标点的呈现顺序进行伪随机，保证在某个目标点重复之前，被试已经经历过所有目标点。我们将每8个试次定义为一个循环（cycle）。在每个循环内，8个目标点随机呈现。实验要求被试做快速的一步到位的直线运动，运动距离需长于目标点所在位置。除了无反馈阶段，我们给予被试实时的光标反馈。光标在运动的前5 cm（实验2为8 cm）可见，当被试手的运动距离等于目标点距离后，光标静止停留 1 s，随后目标点和光标，以及实验 2 的数字标志消失。被试的手回到数位板中央位置，准备开始下一次运动。

3.2.3.1 实验 1

本实验为被试间设计，包括控制组、双光标组、逐渐学习组三组被试，他们均需依次经历 4 个阶段：基线阶段（20 个循环），初始学习阶段（40 个循环），冲洗阶段（30 个循环），再学习阶段（40 个循环）。每组被试仅在第二阶段（初始学习阶段）学习的内容不同，在其他阶段均完全相同。第一阶段（基线阶段），被试接受没有干扰的视觉反馈。第三阶段：前 10 个循环，被试在没有任何视觉反馈的情况下朝向目标点运动，后 20 个循环，给予被试真实的视觉反馈。最后阶段（再学习阶段），让被试学习逆时针 30°的视觉运动旋转；为了对抗干扰，被试的手需向目标点顺时针 30°方向偏转。

对于第二阶段（初始学习阶段），控制组被试的学习内容与再学习阶段相同，同样是逆时针 30°的视觉运动旋转。他们在此阶段既能看到与再学习阶段相似的错误信号，也会产生对抗干扰的外显策略。双光标组的被试在第二阶段会看到两个同时运动的光标：一个是在其他阶段也出现的绿色光标，另一个是个蓝色光标（直径为 2 mm）。绿色光标提供真实反馈，蓝色光标在绿色光标的逆时针 30°方向，为被试提供无关的错误信号。被试的任务是忽略蓝色光标，依然用手控制绿色光标，让绿色光标打中目标点。我们假设在双光标条件下，被试看到了与再学习阶段相同的错误信号，但由于这个错误信号与任务无关，被试不会产生克服错误的外显策略。逐渐学习组的旋转干扰在整个阶段是逐渐施加的，平均每个试次增加 0.09°，直到最后一个试次干扰到达 30°。我们假设在逐渐学习的条件下，被试从未经历过与再学习阶段相似的错误信号，也不会产生外显策略，整个学习过程中，内隐成分占主导。

我们试图比较三组被试在再学习阶段的学习速率来考察在初始学习阶段，外显策略与相似的错误信号，哪个是节省效应出现的必要条件。我们限制被试从准备到运动结束的时间，如果被试的运动时间超过 800 ms，扬声器会播放刺耳的声音并在屏幕上出现文字提醒。

3.2.3.2 实验 2

本实验试图考察节省效应出现的原因，探讨究竟是外显成分还是内隐成分在提高学习速率方面起关键作用。实验2的三个实验组与实验1对应组的流程相似，只是额外采用了报告主观瞄准方向范式来测量被试的外显策略。目标点被21个视觉呈现的数字标志所围绕，数字标志在8个目标点所在的虚拟圆环上，两两间隔5.625°。目标点所在位置永远对应0，目标点顺时针和逆时针方向对应的数字分别是1～10及－1～－10（图3.1 C）。目标点会出现在不同的位置，但数字会随着目标点旋转，使之永远沿顺时针方向依次增大，沿逆时针方向依次减小。在每次运动之前，被试需要口头报告为了使光标打到目标点，他们计划朝哪个数字方向瞄准，主试手动记录被试报告的瞄准方向。被试先报告，再运动。为了测量被试在接近自然的情况下外显策略的大小，我们尽量让被试减少思考瞄准方向的时间(同实验1)，从而减少由这个范式本身带来的、额外的外显策略的使用。我们限制被试从目标点出现到开始运动的反应时为700 ms。控制组与逐渐学习组从基线阶段的后半部分开始呈现数字标志并报告瞄准方向，其中无反馈阶段不呈现数字标志，被试也无需报告方向。双光标组从冲洗阶段的最后10个循环开始呈现数字标志并要求被试报告瞄准方向。

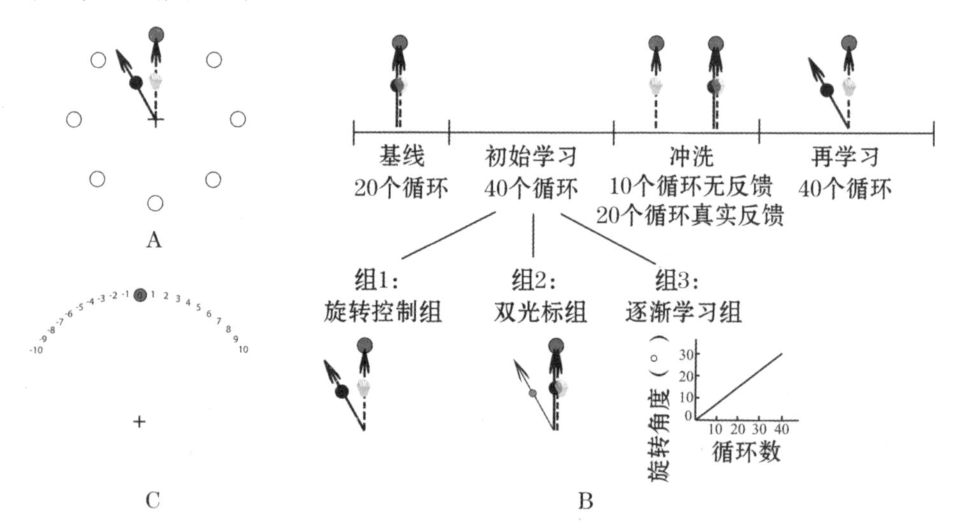

图3.1 研究二实验设计

A：所有可能的8个目标点位置。B：实验1、实验2各有三组被试，三组被试的区别在于初始学习阶段的学习内容不同。我们的关注点在再学习阶段的学习速率，此时所有组被试学习逆时针30°视觉运动旋转的干扰。C：实验2报告瞄准方向时的数字标志呈现方式。

3.2.4　数据分析

我们关注手在方向上运动的情况。手运动的方向定义为起始点和运动达到峰值速度所对应位置之间的矢量方向。顺指针方向为正，在旋转学习阶段，30°代表完全学习。为了控制被试在不同目标方向上所具有的运动偏差，我们将旋转学习阶段每个试次的运动方向减去基线阶段对应目标方向在最后 10 次运动中运动方向的平均值。一个循环内 8 个试次的运动方向平均值为每个循环的学习量。

我们发现，控制组在前 12 个循环学习速率最快，在此期间前后两次旋转学习的学习量差异最大，节省效应最为明显。参照前人方法（Galea et al.，2015；Krakauer et al.，2005），为了衡量旋转的学习速率，我们计算各组在再学习阶段第 2～12 个循环平均运动方向的大小（同时计算控制组在初始学习阶段对应循环的平均运动方向大小）。对于实验 2，我们将手运动方向减去被试报告的外显策略方向，得到对内隐学习成分大小的估计。继而计算各组外显策略与内隐学习成分在第 2～12 个循环的平均大小。

我们感兴趣的是，各组在经历了不同的初始学习后，在再学习阶段旋转学习的速率是否有所提高。因此，我们将实验组与控制组的两次学习速率分别进行双样本 t 检验。使用单因素方差分析进行多组比较，采用最小显著差异进行事后检验（least significant difference，LSD）。显著水平控制在 $\alpha = 0.05$。

3.3　结　果

3.3.1　实验 1

控制组：基线阶段后，被试在初始学习阶段逐渐对旋转干扰进行学习，学习速率为 17.49° ±1.60°（图 3.2）。冲洗阶段，被试手的运动逐渐偏转到接近目标点所在的 0°方向。再学习时，被试的学习明显变快，学习速率为 24.38° ±1.05°。配对 t 检验表明，第二次旋转学习的学习速率显著快于第一次学习（$t_{(9)} = -6.10$，$p < 0.001$，$d = 1.93$）。

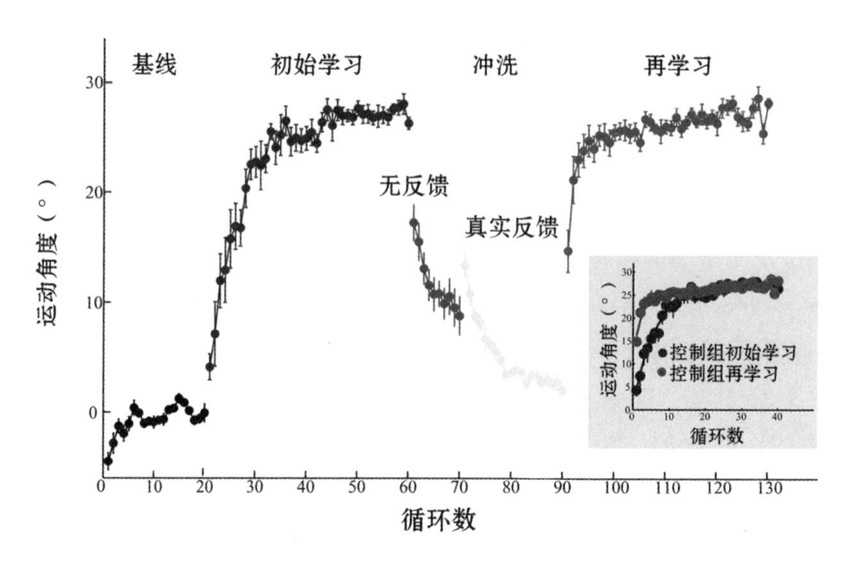

图 3.2　实验 1 控制组各阶段的学习情况（以循环为单位）

冲洗过后，第二次学习明显比第一次学习速度更快，展现出典型的节省效应。右下灰框部分是两次旋转学习的学习曲线（由指数函数拟合）比较。

双光标组：初始学习阶段，尽管被试的手相对于 0°方向有一定偏移（初始学习阶段最后 10 个循环的平均值为 1.00° ±0.21°，$t_{(9)} = 4.70$，$p < 0.01$），但被试还是能很好地忽略无关光标的干扰，使绿色光标打中目标点（偏移目标点正中心 2.5°范围内均能打中，图 3.3）。而且，在冲洗的无反馈阶段，被试手的运动方向与 0°方向没有显著差异（10 个无反馈循环的平均运动方向为 0.48° ±0.56°，$t_{(9)} = 0.87$，$p = 0.41$）。这样的结果说明被试在旋转学习之前，并没有形成任何外显策略，也基本没有内隐学习。

在再学习阶段，被试在第 1 个循环的学习与控制组初始学习阶段的第 1 个循环没有差异，但很快在第 3 个循环就与控制组再学习阶段没有差异了，在第 5 个循环和控制组初始学习阶段差异开始显著。从 2 ~ 12 个循环的平均值来看，被试的学习速率为 22.22° ±1.10°。与控制组相比，双光标组的学习速率显著快于第一次学习，而与第二次学习的学习速率没有显著差异（$t_{(18)} = -2.44$，1.42；$p < 0.05$，$p = 0.17$；$d = 1.15$，0.67）。这说明仅仅给被试呈现一个无关的明显的错误信号，被试在没有任何外显策略和内隐学习的前提下，依然会产生节省效应。

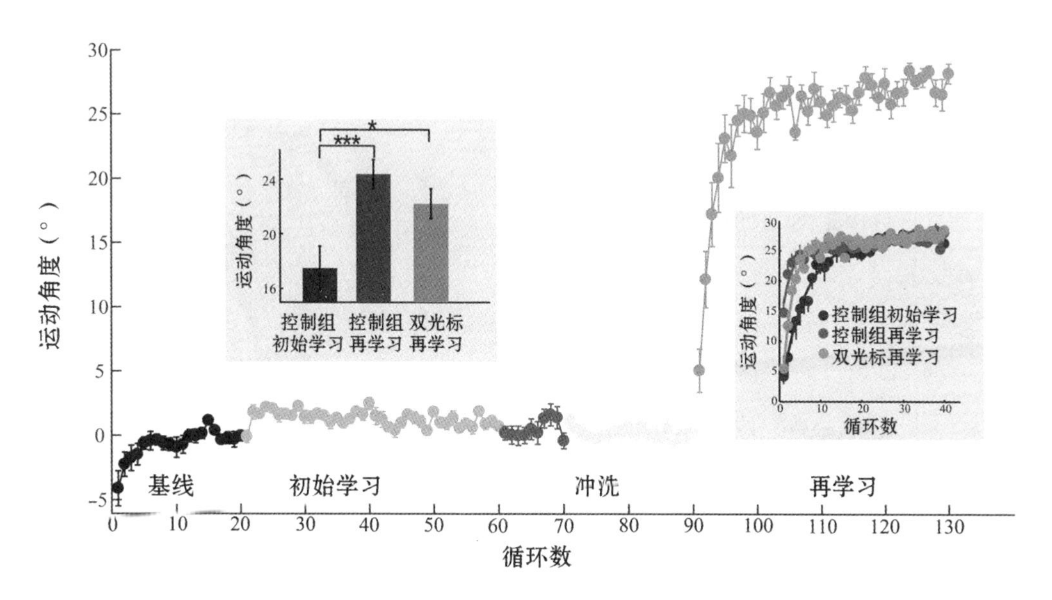

图 3.3 实验 1 双光标组在各阶段的学习情况（以循环为单位）

右下灰框是双光标组在再学习阶段的学习曲线与控制组初始学习、再学习学习曲线的比较。左上灰框是双光标组与控制组学习速率的比较。

*代表 $p<0.05$，***代表 $p<0.001$。

逐渐学习组：初始学习阶段，我们发现随着干扰的不断增大，被试的手逐渐向顺时针方向偏移，但同时被试所看到的目标点与光标之间的误差也越来越大（图 3.4）。在初始学习阶段的最后一个循环，被试手运动的方向为 24.50°±0.78°，略小于控制组被试在此阶段最后 5 个循环的平均值（27.28°±0.46°，$t_{(18)}=-3.06$，$p<0.01$，$d=1.44$）。此时，被试看到的视觉误差为 5.50°±0.78°，远小于再学习阶段的 30°干扰。在冲洗阶段的最后一个循环，虽然手的运动方向与 0°仍有微小的差距（1.71°±0.48°，$t_{(18)}=3.58$，$p<0.01$，$d=1.69$），但与控制组冲洗阶段的最后一个循环没有显著差异（2.02°±0.46°，$t_{(18)}=-0.47$，$p=0.64$）。

从单个循环逐一比较来看，逐渐学习组在再学习阶段的每一个循环与控制组初始学习阶段均没有显著差异（除第 28 个循环以外，$p=0.047$）。直到第 12 个循环，逐渐学习组才与控制组再学习阶段没有显著差异。从第 2~12 个循环的平均值来看，与控制组相比，逐渐学习组的学习速率与控制组第一次学习没有显著差异，

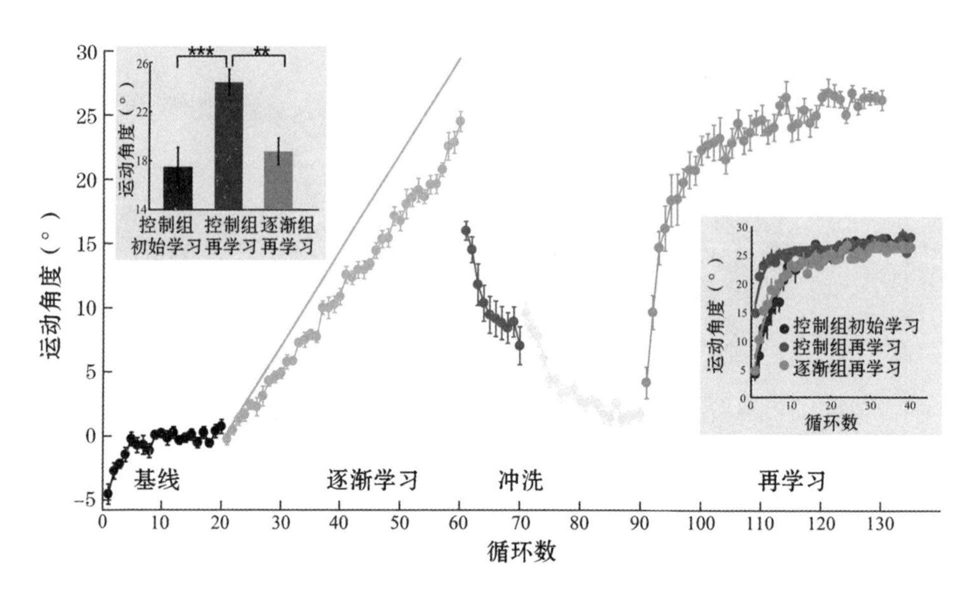

图3.4 实验1逐渐学习组在各阶段的学习情况（以循环为单位）

第二阶段实线代表实际施加干扰的大小。右下灰框是逐渐学习组在再学习阶段的学习曲线与控制组在初始学习、再学习阶段学习曲线的比较。左上灰框是逐渐学习组与控制组学习速率的比较。

＊＊代表 $p<0.01$，＊＊＊代表 $p<0.001$。

而显著慢于第二次学习的学习速率（$t_{(18)}=-0.66$，3.72；$p<0.01$；$d=0.31$，1.75）。这样的结果说明如果被试在初始学习阶段没有产生外显策略，没有经历明显的错误信号，只有内隐学习的情况下，节省效应是不会出现的。

组间比较：我们将控制组的初始学习阶段的学习情况称为控制组，再学习阶段称为旋转学习组。单因素方差分析表明，各组在旋转学习的第一个循环差异显著（$F_{(3,36)}=11.19$，$p<0.001$，$\eta_p^2=0.48$），事后检验表明，旋转学习组显著大于其他各组（$p<0.001$），而其余各组没有显著差异（图3.5）。各组的学习速率同样差异显著（$F_{(3,36)}=6.60$，$p<0.01$，$\eta_p^2=0.36$），事后检验表明，控制组显著慢于旋转学习组（$p<0.001$）和双光标组（$p<0.05$）。类似的，逐渐学习组显著慢于旋转学习组（$p<0.01$），与双光标组差异边缘显著（$p=0.054$）。对于双光标组，尽管从第2～12个循环的平均值看，学习速率与旋转学习组没有差异，但两组被试在第一个循环的学习上差异显著，暗示了两组背后节省效应产生的原因可能不同。

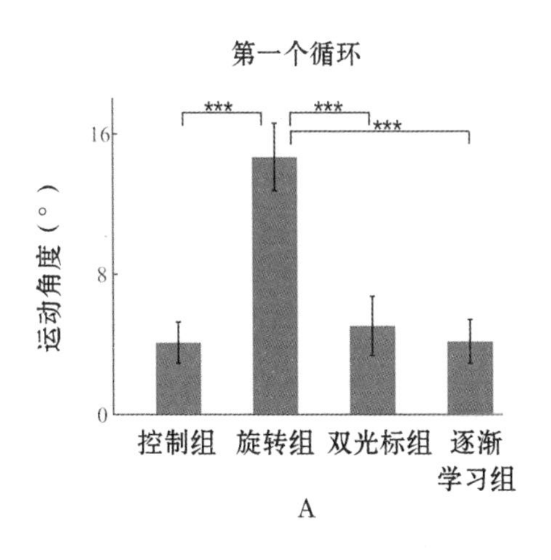

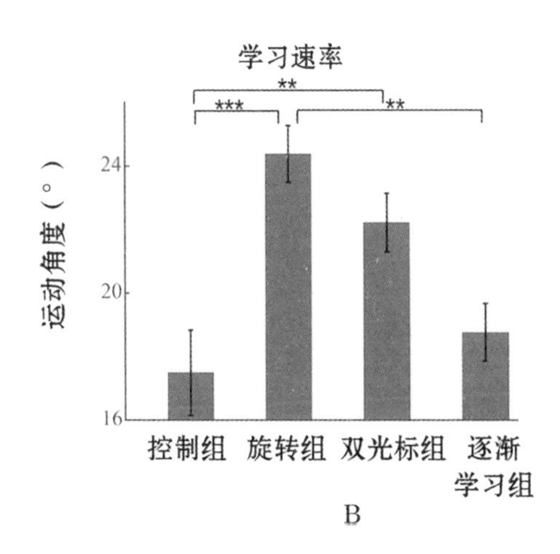

图 3.5 实验 1 各组在旋转学习阶段第一个循环的学习量（A）和学习速率（B）的比较

＊＊代表 $p<0.01$，＊＊＊代表 $p<0.001$。

总的来说，给被试呈现与旋转阶段相似的错误信号，即使他们没有产生外显策略也没有经历内隐学习还是会提高学习速率。但如果被试仅以内隐的学习方式对抗干扰，未看到明显的与之后学习相似的错误信号，节省效应不会产生。因此，我们推测经历明显的错误信号是产生节省效应的重要条件，在初始学习阶段外显策略的产生、内隐学习及对成功的动作进行强化都不是再学习速率更快的必要条件。

3.3.2 实验 2

控制组：初始学习阶段的学习速率为 14.94° ±1.64°（图 3.6 A）。冲洗阶段，被试手的运动逐渐偏转到接近目标点所在的 0°方向。再学习时，被试的学习明显变快，学习速率为 25.52° ±1.19°。配对 t 检验表明，被试第二次旋转学习的学习速率显著快于第一次（$t_{(9)}=-6.10$，$p<0.001$，$d=1.93$）。

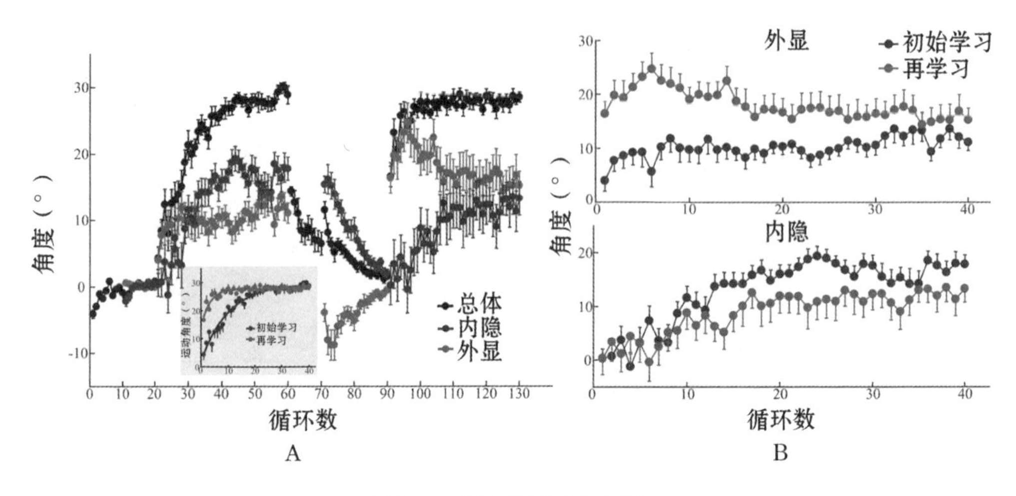

图 3.6　实验 2 控制组学习情况

A：各阶段整体学习情况与外显成分、内隐成分的学习情况，灰框显示的是初始阶段和再学习阶段学习曲线的比较。B：两次旋转学习中外显学习（上）与内隐学习（下）的比较。

进一步，我们分析究竟是外显策略还是内隐成分促成了学习节省效应。结果发现第 2～12 个循环再学习阶段（21.12°±2.50°）外显策略的平均值显著快于第一次学习（9.43°±2.01°，$t_{(13)}=4.66$，$p<0.001$，$d=1.25$），而两阶段的内隐学习没有显著差异（$t_{(13)}=0.38$，$p=0.712$，图 3.6 B）。对于外显策略最后 5 个循环的平均值，第二次学习（11.55°±1.51°）与第一次学习（15.48°±2.60°）之间没有显著差异。对于内隐学习的最后阶段，第一次学习（17.64°±1.61°）显著大于第二次学习（12.65°±2.57°，$t_{(13)}=2.77$，$p<0.05$，$d=0.74$）。这样的结果说明对于控制组，学习节省的主要原因是第一次学习时产生了外显策略，第二次再遇到同样的干扰时，外显策略被快速地回忆起来。

双光标组：类似实验 1 的对应组，在初始学习阶段被试的手保持在目标点处运动，基本没有发生方向性偏移（图 3.7 A）。在再学习阶段，学习速率为 24.60°±1.10°。与控制组相比，双光标组的学习速率显著快于第一次学习，而与第二次学习速率没有显著差异（$t_{(26)}=-4.02$，0.44；$p=0.69$，$\eta_p^2=0.67$；$d=1.58$，0.17）。

继而，我们探究双光标组在再学习阶段学习速率快的原因。学习早期，外显成分（17.90° ± 2.01°）显著高于控制组初始阶段（$t_{(26)} = 2.62$，$p < 0.05$，$d = 1.03$），而与控制组再学习阶段没有差异（$t_{(26)} = 0.90$，$p = 0.37$）。内隐学习成分则与控制组的两次学习均无显著差异（图 3.7 C）。虽然双光标组在初始学习阶段，既没有形成外显策略，又没有进行内隐学习，但在再学习阶段，被试能快速地形成与控制组第二次学习程度类似的外显策略。我们推测，暴露明显的错误信号可以帮助被试快速产生外显策略。外显策略的产生促使学习速率加快。类似，内隐学习对整体学习速率的提高没有贡献。

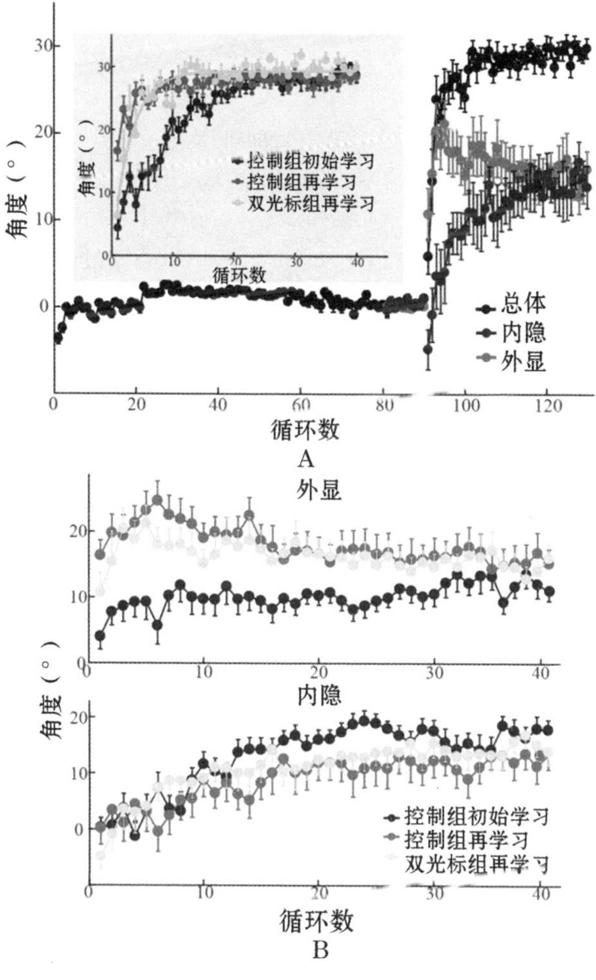

图 3.7　实验 2 双光标组的学习情况

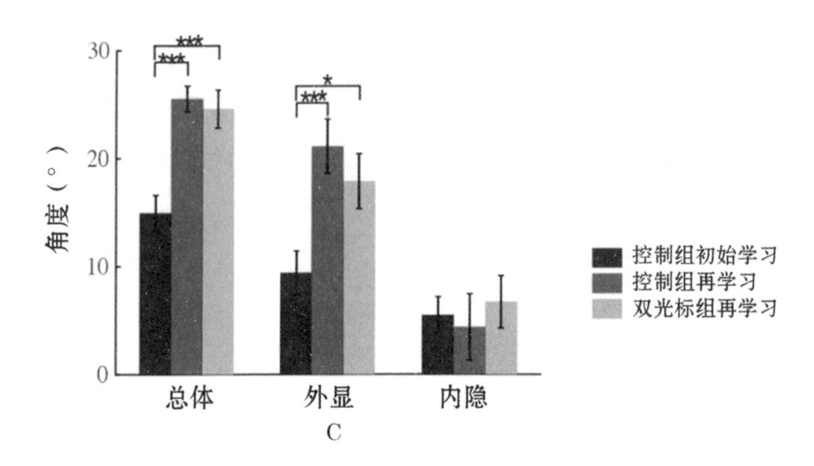

图 3.7　实验 2 双光标组的学习情况（续）

A：各阶段整体学习情况与第 81 个循环后外显成分、内隐成分的学习情况，灰框内显示的是双光标组再学习阶段与控制组两次旋转学习阶段学习曲线的比较。B：双光标组再学习阶段外显学习（上）与内隐学习（下）与控制组前后两次学习在每个循环中的比较。C：双光标组整体学习、外显学习、内隐学习在第 2 ~ 12 个循环的平均值与控制组两个旋转学习阶段的比较。

* 代表 $p < 0.05$，* * * 代表 $p < 0.001$。

逐渐学习组：在初始学习阶段，随着干扰的增大，手逐渐向顺时针 30°方向偏转（图 3.8 A）。其中内隐学习成分占绝大部分比例。然而，从初始学习阶段的第 21 个循环开始，外显成分开始与 0°存在差异。此阶段最后 5 个循环外显成分平均大小为 1.67° ±0.58°（与 0°比较，$t_{(13)} = 2.90$，$p < 0.05$）。虽然被试的外显成分略大于 0°，但被试主观报告并没有意识到外加干扰的存在，只是对自己运动误差的小幅度修正。

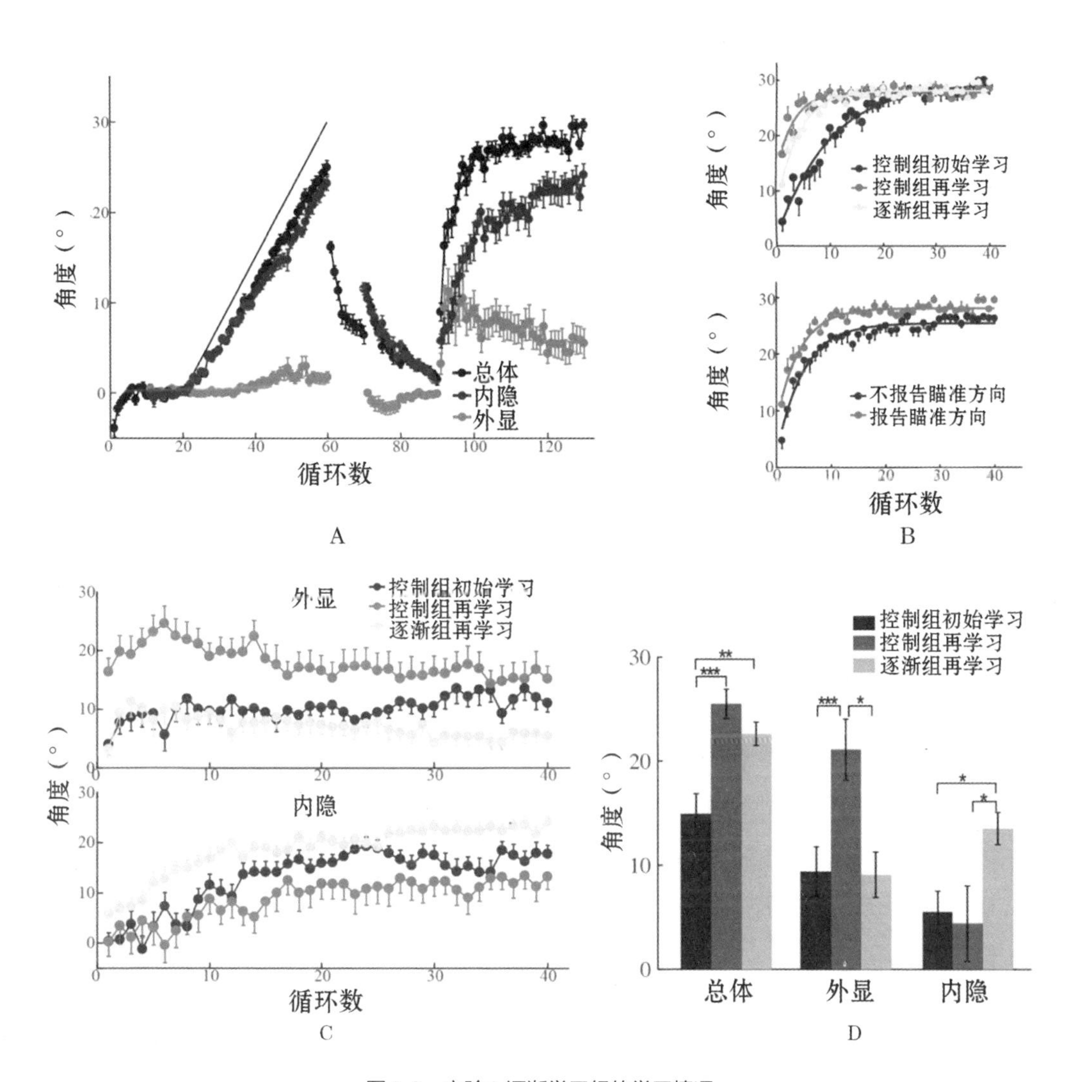

图 3.8　实验 2 逐渐学习组的学习情况

A：所有阶段的整体学习情况与外显成分、内隐成分分别学习的情况。B：再学习阶段，逐渐学习组与控制组两次旋转学习的曲线的比较（上）及与实验 1 对应组的比较（下）。C：逐渐学习组再学习阶段的外显学习（上）和内隐学习（下）与控制组前后两次学习在每个循环中的比较。D：逐渐学习组整体学习、外显学习、内隐学习在第 2～12 个循环的平均值与控制组两个旋转学习阶段的比较。

* 代表 $p<0.05$，* * 代表 $p<0.01$，* * * 代表 $p<0.001$。

在再学习阶段，与实验 1 不同的是，被试的学习速率为 22.65° ±0.95°。与控制组相比，逐渐学习组的学习速率显著快于初始阶段学习速率，而与第二次学习速率没有显著差异（$t_{(26)} = -4.07$，1.89；$p < 0.001$，$\eta_p^2 = 0.07$；$d = 1.60$，0.74），说明该组同样出现了节省效应。直接将两个实验的逐渐学习组进行比较，实验 2 的学习速率显著快于实验 1（$t_{(22)} = 2.68$，$p < 0.05$，$d = 1.14$），并且实验 2（最后 5 个循环平均值的比较，28.61° ±0.59°）比实验 1 学习得（26.22° ±0.43°）更加完全（$t_{(22)} = 3.04$，$p < 0.01$，$d = 1.30$）。两组唯一的区别在于是否要求被试报告瞄准的方向。我们猜测，数字瞄准标志使每次运动后的错误信号变得更加明显。被试正是对这样明显的错误信号进行了学习记忆，才加速了再学习阶段的学习速率。

我们探讨究竟是哪种成分促使这组被试学习速率的提高。结果发现，在学习早期，外显策略（9.43° ±2.01°）与控制组第一次学习没有差异（$t_{(26)} = 0.12$，$p = 0.91$），但显著低于控制组的第二次学习（$t_{(26)} = 3.85$，$p < 0.01$，$d = 1.51$）。甚至在学习的后期（最后 5 个循环的平均值），逐渐学习组的外显成分（5.57° ±1.33°）远小于控制组的初始学习（11.55° ±1.51°，$t_{(26)} = 2.98$，$p < 0.01$，$d = 1.17$）和再学习阶段（15.48° ±2.60°，$t_{(26)} = 3.40$，$p < 0.01$，$d = 1.33$）的外显学习成分。这样的结果说明与控制组和双光标组不一样，外显策略的使用不是逐渐学习组学习速率加快的原因。学习早期逐渐学习组的内隐学习成分（13.55° ±1.30°）显著大于控制组第一次（5.51° ±1.68°，$t_{(26)} = 3.79$，$p < 0.01$，$d = 1.49$）和第二次学习（4.40° ±3.07°，$t_{(26)} = 2.74$，$p < 0.05$，$d = 1.07$）的内隐学习成分。这种趋势一直延续到学习后期，逐渐学习组的内隐学习成分（23.04° ±1.29°）依然大于控制组第一次（17.64° ±1.61°，$t_{(26)} = 2.62$，$p < 0.05$，$d = 1.03$）和第二次学习（12.65° ±2.57°，$t_{(26)} = 3.61$，$p < 0.01$，$d = 1.42$）的内隐成分。这说明，逐渐学习组在再学习阶段出现节省效应的主要原因是内隐学习成分的增大。

各组比较：从学习速率来看，在报告瞄准方向的范式下，双光标组和逐渐学习组都能产生学习节省。单因素方差分析表明，各组在旋转学习的学习速率差异显著（$F_{(3,52)} = 11.46$，$p < 0.001$，$\eta_p^2 = 0.36$）。事后检验表明，控制组显著小于其余各组（$p < 0.001$），而其余各组没有显著差异（图 3.9 A）。从外显和内隐学习的

角度来看，旋转学习组和双光标组主要是外显成分在起作用。外显成分在各组间差异显著（$F_{(3,52)}=7.27$，$p<0.001$，$\eta_p^2=0.30$）。事后检验表明，旋转组（$p<0.01$）和双光标组（$p<0.05$）的外显学习成分均大于控制组。同时，旋转组（$p<0.001$）和双光标（$p<0.01$）的外显学习成分也大于逐渐学习组。逐渐学习组的学习速率快主要是内隐学习在起作用。内隐学习成分在各组间差异显著（$F_{(3,52)}=3.42$，$p<0.05$，$\eta_p^2=0.17$），事后检验表明，逐渐学习组的内隐学习成分显著大于其余各组（控制组和双光标组，$p<0.05$；旋转学习组，$p<0.01$）。

从外显策略的第一个循环来看，双光标组与控制组相比已经形成瞄准策略（$p<0.05$），但在整体学习的第一个循环双光标组还是显著慢于旋转学习组（$p<0.001$）。这说明策略从生成到使用还需一定时间。对于逐渐学习组，虽然早期学习速率与旋转学习组接近，但是第一个循环与旋转学习组还是具有显著差异（$p<0.01$）。

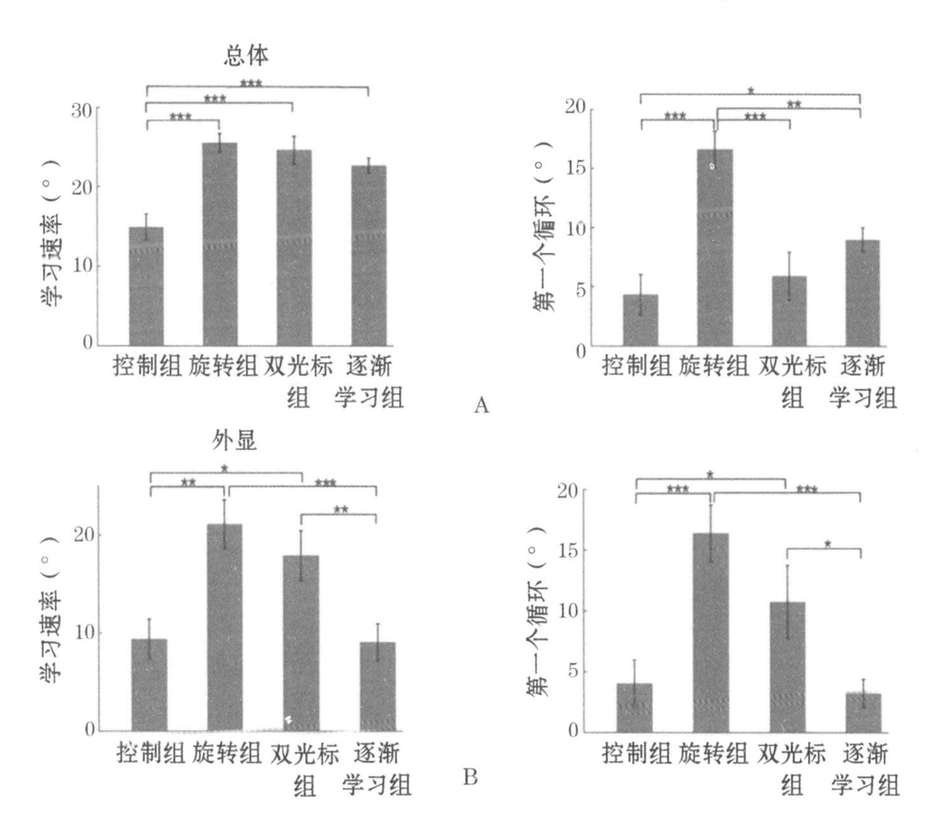

图 3.9　实验 2 各组在旋转学习阶段的比较

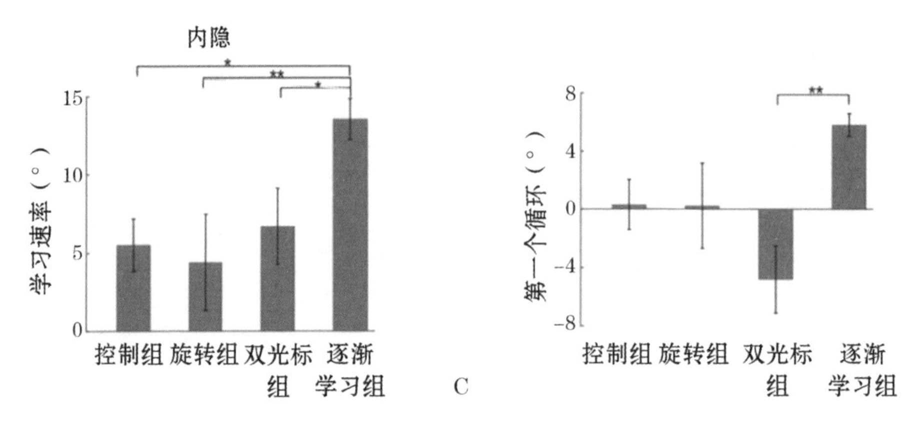

图3.9 实验2各组在旋转学习阶段的比较（续）

A：整体学习情况。B：外显学习。C：内隐学习。第一列为学习速率，第二列为第1个循环的学习情况。

*代表 $p<0.05$，**代表 $p<0.01$，***代表 $p<0.001$。

3.4 讨 论

在本研究中，我们发现不管对于初始学习阶段还是再学习阶段，外显认知策略都不是节省效应产生的先决条件。在初始阶段对被试暴露相同性质的、明显的错误信号就可以产生节省效应。错误信号是否明显受错误的大小及环境等因素的调控。例如，在瞄准报告范式中，目标点周边的数字标志可以让微小的错误变得明显。除了对策略的回忆，更快的学习速率还可源自策略的快速产生及更快的内隐学习。

在以往的运动适应范式中，错误信号与外显策略基本上是同时存在的。在最常使用的将干扰在第一个试次就直接引入的范式中，如果干扰较大，被试在一开始就会看到大的错误信号，同时产生较大比例的外显策略；如果干扰较小，被试在开始看到的错误信号不够明显，那么只会产生很小比例的外显策略（Bond & Taylor，2015；Morehead et al.，2015；Taylor et al.，2014）。这对于在每个试次中逐渐增加引入干扰的范式中，被试往往始终看不到明显的错误信号（Herzfeld et al.，2014；Susen et al.，2014），这主要是内隐学习成分在起主导作用。基于已有证据，我们不清楚在初始学习中，究竟是看到大的错误信号还是产生较大的外显策略是节省效应产生的必要条件。我们实验中的双光标设计恰好在非适应学习的环境中，让被试看到了一个明显的、与再学习阶段大小和方向均相同的错误信号；正因为这个错误信号是与任务无关的“干扰信息”，被试不会产生对抗这个错误的外显策略。因此，双光标的实验设计第一次将错误信号与外显策略进行了分离，为验证外显策略是否是节省效应产生的必要条件提供了有效的解决方法。

双光标组被试在再学习阶段展现出更快的学习速率违反了解释节省效应的策略回忆假说（Morehead et al.，2015），证明了在初始学习阶段，策略产生并不是节省出现的必要条件。在双光标同时呈现的阶段，被试虽然在行为上基本没有表现出任何学习，但在再学习阶段，相似的错误信号能使被试快速、准确地产生外显策略来对抗外界干扰。双光标组的旋转学习速率与外显策略产生的速率类似于之前经历过视觉运动旋转学习，已有外显策略产生的控制组。这说明人们不仅对与任务相关的错误信号会产生记忆，即便这种错误信号与任务无关，被试也能对其进行加工。对错误信号的记忆可以帮助被试更快地产生外显策略。同时，我们也证明了对内模型的记忆（Smith，Ghazizadeh & Shadmehr，2006），对能成功对抗干扰的动作的记忆（Orban de Xivry & Lefèvre，2015；Huang et al.，2011）都不是节省效应产生的必要条件。对错误信号的记忆，似乎更接近学习速率提高的本质（Braun et al.，2009；Herzfeld et al.，2014）。

逐渐学习组在两个实验中对旋转学习的速率存在差异，暗示了节省效应的出现并不需要前后两次学习经历大小相似的错误信号，只需错误信号足够明显。赫兹菲尔德（Herzfeld）等人（2014）强调错误大小相似的重要性，认为经历一种错误只会提高与这种错误大小类似的错误的敏感度。他们认为，逐渐学习组能否产生节省在于逐渐学习的后期，被试对抗干扰的速度能够跟进干扰增大的速度：如果干扰增加得足够缓慢，被试在学习后期依然看不到与再学习阶段相似的较大的错误，那么就不会产生学习节省（Herzfeld et al.，2014）；相反，如果被试适应的速度明显慢于干扰增加的速度，他们在学习后期看到了与再学习阶段相似的错误大小，那么就会产生学习节省（Turnham，Braun & Wolpert，2012）。但我们认为，错误大小只是决定错误是否明显的其中一个因素，如果采用某种方法能使错误变得明显，足以让被试识别出系统偏差的存在，就可以促进之后对同类干扰的学习速度。对于实验2，我们猜测在逐渐学习阶段被试虽然看到的错误明显小于再学习阶段的错误，但视觉瞄准标志让这些错误变得更为明显：在初始学习的后期阶段，他们可以清晰地看到光标总是落到目标点顺时针方向数字1所在的位置。正是这样持续稳定的错误信号，提高了被试对方向性错误的敏感度。对于实验1没有视觉标志的逐渐学习组，被试在初始学习阶段看到的错误较小，而且方向并不清晰，他们倾向于认为这种方向性偏差是毫无规律的，完全由自身运动的变动性所导致。这种不明显的错误信号无法提高被试对此类错误的敏感性。错误信号是否明显或许与意识相关（Werner et al.，2015），当人们意识到某种特定的错误确实存在时，才会将其用在之后的学习中。

两个逐渐学习组在再学习阶段学习速率快慢的不同也说明了瞄准报告范式本身会给学习带来差异。我们认为，在运动前进行瞄准方向的报告与自然运动范式相比，被试反应时增加，被引导使用更多的外显策略，这可能导致对外显成分所占比例的高估；另外有研究发现，在更长的反应时条件下，被试的学习速度更快（Fernandez－Ruiz et al.，2011；Taylor et al.，2014）。同时，视觉瞄准标志会使表现误差和感知预测误差都变得更清晰，无疑会影响被试对错误信号的加工。因此，在今后的研究中，我们需要注意瞄准报告范式本身可能带来的行为差异。

更有趣的是，与目前领域内最为认可的观点不同，我们发现外显策略的使用并非学习节省产生的唯一原因，学习速率的提高还可以源自更快的内隐学习。错误回忆假说认为，人们对错误敏感度的提高仅针对的是学习中的快系统（Herzfeld et al.，2014），而快系统被认为反映的是对外显知识的学习（McDougle et al.，2015），因此，可以推断错误回忆假说同样认为节省效应最终是依赖外显成分的提高而使学习速率变快的。除了外显策略假说（Morehead et al.，2015），也有其他研究从不同角度支持学习节省反映了被试对外显策略回忆的观点（Hadjiosif & Smith，2013；Haith et al.，2015；Huberdeau et al.，2015）。但对于需要报告瞄准方向的逐渐学习组被试来说，在再学习阶段学得更快主要是内隐成分起主导作用。一个可能的原因是瞄准标志使他们的感知预测偏差变得更为清晰（Taylor & Ivry，2011），加快了内模型的形成（Shadmehr et al.，2010）。我们推测，正是因为被试在第一个学习阶段主要采用内隐的加工过程来减小误差，于是在再学习阶段，他们依然采用熟悉的、内隐的学习方式来对抗干扰。

将初始阶段经历不同学习内容的三组进行比较，我们发现被试采用什么样的方法进行学习，取决于他们先前所经历的不同的视觉反馈形式。对于控制组被试，在初始学习阶段后期产生了较大的外显策略，于是在再学习阶段就将习得的策略进行提取，再次使用外显策略对抗干扰。对于逐渐学习组被试，初始阶段主要依赖内隐学习，在再学习阶段就倾向于仍然用内隐的方法降低误差。对于双光标组，被试在初始学习阶段既没有形成外显策略，又没有进行内隐学习，但较大的错误信号帮助他们快速形成了对抗干扰的策略。我们在节省效应上看到了人类感知系统的灵活性，行为上看似没有差异的结果可能反映了大脑多种不同的加工方式，但对其具体机制的阐明还有待于行为学和神经影像学来进行进一步研究。

3.5 结　论

我们通过一系列新异的实验设计发现，不管对于初始学习阶段还是再学习阶段，外显策略都不是节省效应产生的先决条件。学习速率能否提高取决于被试在初始阶段是否经历过明显的错误信号。此外，我们还发现，节省效应产生的原因受初始学习阶段被试所接受到的视觉反馈形式的影响，可能来自对外显策略的回忆、策略的快速产生及更快的内隐学习。研究表明，我们的感知运动系统具有灵活性，可以根据可用信息的不同，使用不同的加工机制，最终达到相似的学习效果。

4　研究三：外显知识的泛化特点

4.1　目　的

研究者普遍认为，运动学习具有方向特异性的根源是低级运动脑区的神经元群具有方向特异性（Donchin et al.，2003；Paz et al.，2003；Shadmehr，2004），这种理论假设强调了泛化受自下而上的神经调控。然而我们发现，以往研究均是以后效作为方向性泛化的测量指标的（Ghahramani，Wolpert & Jordan，1996；Imamizu，Uno & Kawato，1995；Krakauer et al.，2000；Malfait，Shiller & Ostry，2002；Mattar & Ostry，2007）。这个指标通常被认为反映了自动化的、无意识的加工，对应学习中的内隐成分。我们还不知道适应学习中外显成分的泛化情况是怎样的。

已有的证据表明，泛化除了受自下而上机制调控的影响外，还受熟悉性、运动经验等因素的影响，说明自上而下的加工机制在学习泛化中同样起到重要作用。另外，受知觉学习中基于规则学习的理论启发，我们认为被试在运动适应任务中不仅学到了简单的视觉反馈与某个特定动作执行之间的映射关系，还学到了高层级的规则策略。这种对规则策略的学习应该不受限于所训练的条件。对应运动学习的不同成分，我们假设内隐学习受低级神经元调谐曲线所限，不易泛化；对外显知识的学习则不受自下而上加工机制的限制，易于泛化。

在研究二中，我们进一步确认了在最常使用的将干扰直接引入的范式中，节省效应反映了对外显策略的回忆。于是在本研究中，我们采用节省效应这个指标来测量视觉运动旋转中外显知识的方向性泛化的特点。实验1：我们探究在视觉运动旋转任务中，对外显知识的泛化是否具有方向特异性；实验2：针对实验1外显成分同样具有方向特异性的结果，受知觉学习“双重训练”范式的启发，我们试图在较远的泛化方向给被试暴露一个无关的视觉运动缩放任务，考查特异性能否通过暴露任务得以消除；实验3：我们对有效暴露任务需要具备的必要条件进行了探讨。

4.2 方 法

4.2.1 被 试

共有202名右利手被试参与了本研究（其中男性81名，平均年龄为22.0岁±3.5岁）。16个实验组，每组12人。实验2的控制组为10人。所有被试从来没参加过类似实验，不了解实验目的。实验前，所有被试签署了经北京大学人类被试审查委员会批准的知情同意书，并于实验后获得一定报酬。

4.2.2 实验设备

同研究一。目标点是直径为4像素的白色圆圈，呈现在距离起始点70 mm的地方。被试正前方的目标点被定义为0°目标点。其他目标点方向按顺时针方向依次被定义为45°、90°和135°（图4.1 A）。在训练阶段，被试经历一个逆时针30°的视觉运动旋转干扰，他们需要向顺时针30°方向偏转来抵抗干扰。

4.2.3 实验设计

4.2.3.1 实验1：无暴露任务的泛化

实验包含熟悉、基线、训练、泛化四个阶段（图4.1 B）。该实验为被试间设计，四组被试分别在四个可能的方向（0°、45°、90°和135°）之一进行训练，但他们在同样的方向进行泛化测试（0°）。①熟悉阶段：每名被试向训练方向和测试方向各运动10次，目标点以随机顺序呈现，给予被试真实连续的光标反馈。②基线与熟悉阶段相同，但只给被试终点反馈。这个阶段试图建立被试以终点反馈朝向这些目标点运动的基线水平。③训练阶段：被试在有视觉运动旋转干扰施加的情况下向训练目标点方向运动80次，给予被试终点反馈。④泛化阶段：被试在具有相同干扰和相同的终点反馈的情况下，朝0°目标点运动80次。这四个组被称为未暴露组。

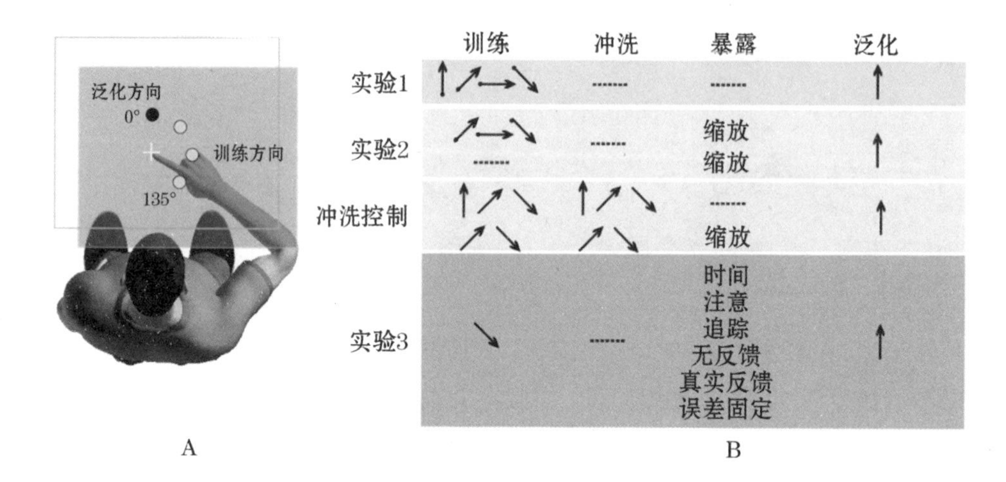

图 4.1　研究三的实验设备与实验设计

A：实验设备与在屏幕上呈现的目标点的可能位置。B：实验设计。箭头表示学习和泛化的方向，虚线表示在这些特殊的实验阶段，不进行任何的实验试次。

4.2.3.2　实验 2：用视觉运动缩放学习作为暴露任务的泛化

我们在另外三组被试中（缩放暴露组）测量以缩放学习作为暴露任务对旋转学习泛化的影响。除了在训练阶段和泛化阶段之间施加了一个短暂的暴露阶段以外，实验 2 的流程与实验 1 相似。三组被试分别在 45°、90°和 135°三个方向上进行训练。在暴露阶段，被试在有视觉运动缩放干扰的情况下朝 0°方向运动 20 次。有研究表明，缩放学习和旋转学习是不同的学习过程，由不同的神经机制负责（Krakauer et al.，2004；Turner et al.，2003），而且可以同时、独立地进行学习（Yin et al.，2014）。被试手的运动距离和屏幕上视觉反馈长度的缩放比例被设置为 0.6，方向性反馈是真实的，不施加干扰的。为了对抗视觉运动缩放干扰，被试的手需要移动 42 mm 来使光标运动至 70 mm 目标点的位置。在暴露任务之后，所有被试在 0°方向上对旋转学习的泛化进行测量。为了排除暴露任务本身能导致旋转学习发生泛化，一个控制组被试不进行第一阶段的旋转训练，只完成暴露和泛化阶段的测试。

冲洗控制（冲洗后的节省效应）：实验 1 和实验 2 表明，节省效应是具有方向特异性的，但在进行方向性暴露之后，学习变得可以完全泛化（见本章结果部分）。然而，在训练方向初始学习的后效还没有回到基线水平。因此，我们重复了实验1、实验2，只是在初始学习之后插入了冲洗阶段。在冲洗阶段，被试朝向初始训练的目标点运动40个试次，给予被试真实的没有干扰施加的终点反馈。与实验1类似，三组被试分别在0°、45°和135°方向上进行训练。在冲洗阶段后，他们在0°方向上进行泛化测试。另外，类似于实验2，另外三组被试分别在0°、45°和135°方向上进行训练。然后，他们在训练方向完成冲洗阶段，于泛化测量前在泛化方向上进行暴露学习（缩放暴露任务）。

4.2.3.3　实验3：暴露任务中的影响因素

为了研究暴露引发泛化的可能影响因素，六组被试进行了不同暴露任务的学习。除了暴露任务不同以外，流程和实验2相同。这里只检查被试在135°方向上的泛化情况。

第一组（时间组）考查时间的流逝能否解释暴露引发的泛化。在训练和泛化阶段中间，被试静坐休息1 min，大致与完成原始暴露任务所需时间相同。

第二组（注意组）考查仅将注意移动到泛化方向上能否引发学习泛化。在暴露阶段，被试在0°泛化方向上完成一个亮度辨别任务。这个视觉任务要求被试将他们的注意力转移到泛化方向上。该任务使用单一试次两选项迫选的阶梯法来测量被试的辨别阈限。在每个试次中，两个正方形呈现在0°目标点方向的两侧（不呈现目标点），两正方形夹角分别为20°、40°和60°。要求被试又快又准地口头报告哪一个正方形（左侧还是右侧）亮度更高。这样的设计迫使被试在视觉上将注意力转向泛化目标点所在区域。主试通过按键记录被试的反应。实验采用经典的“3下1上”阶梯法，亮度使用256灰度级，每次变化的步长为4，参考亮度的灰度级为128。暴露任务持续60 s，与实验2进行视觉运动缩放的学习时间相似。

第三组（追踪组）考查一个不包含直线运动的运动学习任务能否使泛化发生。这里要求被试用手控制光标尽量准确地追踪一个运动的视觉目标点。目标点的运动遵从一个预先设定好的8字形轨迹。这个轨迹包含两个相同的椭圆，它们的半长轴分别为18mm和5.7 mm。两个椭圆的长轴与0°目标方向对准。追踪运动大概持续120 s。为了促进学习，我们计算被试在每个运动试次的追踪误差，并在每个试次结束后呈现给被试。我们将追踪误差定义为追踪轨迹相对于目标轨迹的均方根误差（root mean square error，RMSE），表示如下：

$$RMSE = \sqrt{(\sum_{i=1}^{n} \Delta x^2 + \sum_{i=1}^{n} \Delta y^2)/n}\text{。}$$

其中，Δx 和 Δy 分别是在 x、y 轴上的追踪误差。研究发现当被试相继学习带有相反方向视觉运动旋转干扰的追踪任务和直线运动时，两者不会发生干扰（Tong & Flanagan，2003）。这样的结果表明关于旋转学习的记忆资源是特异于任务性质的，同时暗示了轨迹追踪和点到点的直线运动是两种不同的学习任务。因此，被试在轨迹追踪组的表现表明，暴露效应是否可以通过学习一个不同于原始任务的其他运动任务来实现。

第四组（无反馈组）考查被试在没有视觉反馈的情况下进行一个点到点的直线运动任务能否提高再学习的速率。我们要求被试在0°泛化方向上，在没有任何视觉和奖赏反馈的情况下做直线运动。需要注意的是，这个直线运动包含和原始旋转学习相似的肌肉激活。

第五组（真实反馈组）考查被试在给予真实视觉反馈的情况下，进行一个点到点的直线运动是否能促进学习泛化。这里要求被试在真实视觉反馈的情况下朝向0°泛化方向做点到点的直线运动。

第六组（误差固定组）考查被试对小的方向性错误进行学习的可能影响。在进行缩放学习时，由于在自然运动情况下，终点会有一定的变动性，被试仍然会看到小的、方向性的错误。事实上，被试在未施加干扰的自然运动中，能够从他们自身产生的小错误中进行学习（Van Beers，2009）。在此，我们使用误差固定试次，将被试可能看到的方向性错误完全去除，不管被试实际运动方向如何，终点反馈都会投射在期望的0°运动方向上。

4.2.3.4 数据分析

我们通过计算手运动的方向性误差，来量化被试对视觉运动旋转学习的表现。误差指的是预期方向（目标点的顺时针30°方向）与实际运动方向的角度差。后者指起始点和运动终点之间矢量的方向。

我们将第一个泛化试次的误差定义为后效。尽管我们没有像之前研究一样去除视觉反馈，我们只在每个试次运动结束时给被试提供终点反馈。因此，方向性偏差依然是反映被试前馈估计的有效指标。

为了衡量节省效应，我们首先计算了训练和泛化阶段第2～9个试次的平均误差。这两个阶段误差的差异表明了学习速率的改变，再学习的学习速率更快表明节省效应的发生。我们将两次学习平均误差的差值除以干扰的大小（30°），使节省的数据转化为百分比的形式。

当多组进行比较时，我们进行了混合设计的方差分析，其中训练和泛化作为重复测量因素，组作为固定因素。当交互作用显著时，使用事后 LSD 进行简单主效应检验。各组的节省效应大小与 0 进行独立样本 t 检验，检查是否存在学习泛化。显著水平设置为 $\alpha = 0.05$。

4.3　结　果

4.3.1　实验 1

在实验 1 的训练阶段，四组被试在四个不同方向上（0°、45°、90°和 135°）学习视觉运动旋转。当干扰突然呈现时，被试产生一个 30°的误差。他们在随后的运动中逐渐减少误差，在大概 25 个试次后达到平台期（图 4.2 A）。以初始学习误差的平均值来看，所有组被试均展现出相似的学习速率（$F_{(3,44)} = 0.077$，$p = 0.97$，图 4.2 C）。

然而，在接下来的泛化测试阶段，所有组的被试在 0°目标点处进行测试，结果展现出方向特异性。对于再训练阶段的第 1 个试次，0°组表现出比其他三组更大的后效（事后检验 $p < 0.001$，图 4.2 B）。其他三组的后效与 0°组没有显著差异（t 检验，对于 45°、90°和 135°，$p > 0.99$）。因此，如果以后效为衡量指标，学习不能泛化到 45°及更远的方向，再次证实了之前旋转学习具有方向特异性的结果。

以节省效应为衡量指标，学习同样具有方向特异性，但是泛化的范围更宽（图 4.2 D）。在泛化阶段，对于 0°、45°、90°及 135°，初始学习偏差分别为1.6° ± 0.6°，4.2° ±0.8°，6.7° ±1.9°与 9.2° ±1.3°。随着角度差的增大，后效展现出指数般的递减，节省效应表现出近乎线性的递减模式。对于 45°组（$p < 0.001$）和 90°组（$p < 0.05$）仍有一定节省，但 135°组（$p = 0.49$）就不存在任何节省效应了。以方向为被试间因素，阶段（训练和泛化）为被试内因素，对初始学习误差进行的混合设计方差分析进一步证实了这样的结果。我们发现方向（$F_{(3,44)} = 3.58$，$p < 0.05$，$\eta_p^2 = 0.20$）和阶段（$F_{(1,44)} = 46.21$，$p < 0.001$，$\eta_p^2 = 0.51$）的主

效应显著，两者的交互效应（$F_{(3,44)}=4.61$，$p<0.01$，$\eta_p^2=0.24$）同样显著。简单主效应表明在训练阶段各组之间没有差异。在泛化阶段，学习速率随着角度差的增大而减小：0°组的学习快于90°组（$p<0.05$）和135°组（$p<0.001$），45°组快于135°组（$p<0.05$）。对于四个方向的节省效应分别为29.7%±4.2%、20.6%±4.8%、14.3%±5.5%及4.0%±5.5%（图4.2 D，单因素方差分析，$F_{(3,44)}=4.61$，$p<0.01$，$\eta_p^2=0.24$）。事后检验表明，0°组和135°组节省效应差异显著（$p<0.01$）。因此，当我们以学习节省为指标时，同样得到了旋转学习具有方向特异性的结果，尽管其泛化函数宽于以后效为指标的泛化函数。

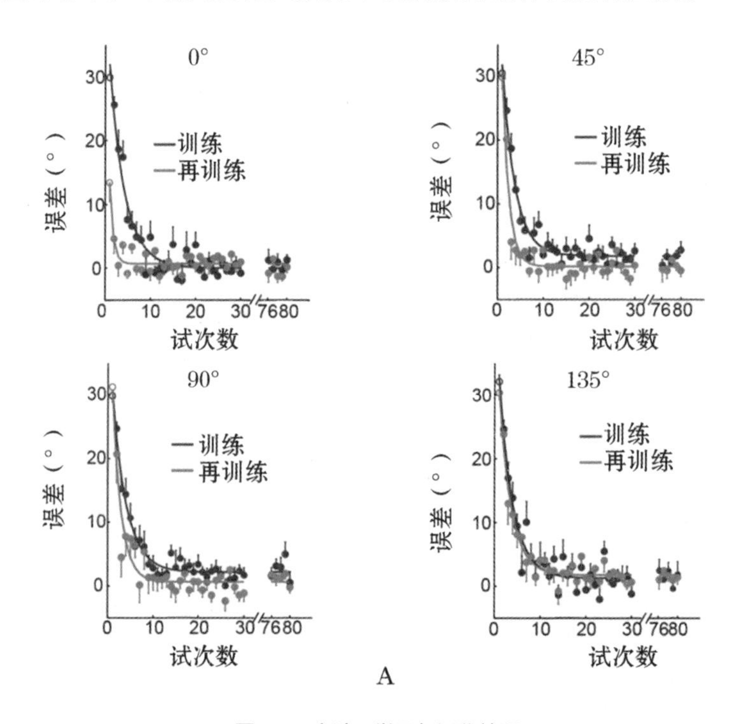

图4.2　实验1学习与泛化情况

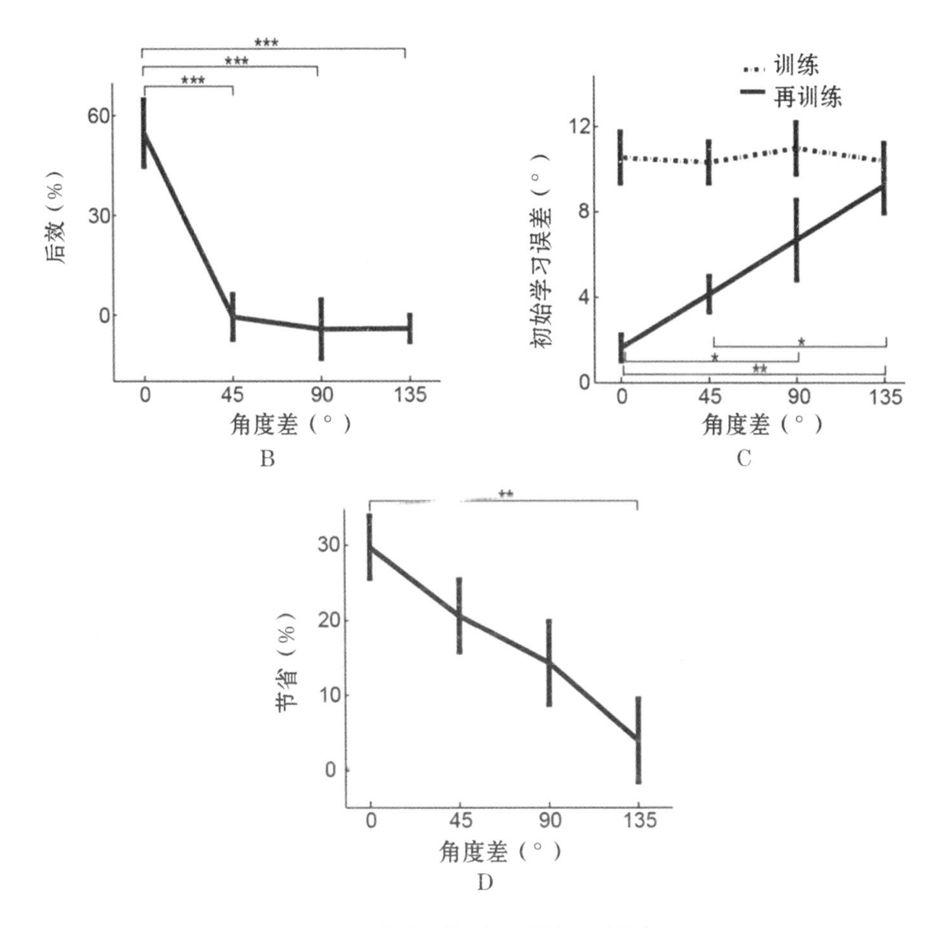

图 4.2　实验 1 学习与泛化情况（续）

A：0°、45°、90°和 135°非暴露组在训练和测试阶段的学习曲线。误差线表示标准误差，实线代表由指数函数拟合的学习曲线。泛化阶段第一个试次（空心圆圈）表示后效。B：以训练和测试方向角度差为函数的后效百分比。C：在训练（虚线）和泛化阶段（实线）的初始学习误差。D：以节省效应为衡量指标的方向性泛化情况。

* 代表 $p<0.05$，* * 代表 $p<0.01$，* * * 代表 $p<0.001$。

4.3.2　实验 2

为了考查学习的方向特异性能否被消除，我们在实验 2 招募了三组新的被试。同样在 45°、90°和 135°方向进行旋转学习训练，在 0°进行泛化测试。重要的是在泛化测试前，我们让被试在测试方向上进行视觉运动缩放的学习。这些缩放暴露组达到了与未暴露组相似的初始学习速率（$F_{(6,77)}=0.1$，$p=0.99$，图 4.3 A）。

所有缩放暴露组在 20 个试次的暴露阶段均很快学会了视觉运动缩放任务（图 4.3 B）。重要的是，通过无关任务对方向的暴露确实促进了学习的泛化。尽管该组在 0°第一个泛化试次并没有展现出从之前学习中获得的任何促进作用（没有后效产生），但他们接下来的学习变得更快，展现出强烈的节省效应。测试阶段学习速率变快，这三组被试的初始学习偏差减少到 5.1°±1.5°、2.3°±0.7°及 2.9°±1.2°（图 4.3 C）。我们对初始学习偏差进行了以不同组（实验 1 的 0°非暴露组与三个缩放暴露组）为被试间因素，阶段（训练与泛化阶段）为被试内因素的混合设计的方差分析。结果得到阶段的主效应显著（$F_{(1,44)}=118.1$，$p<0.001$，$\eta_p^2=0.73$），但是组（$F_{(1,44)}=0.81$，$p=0.49$）和组与阶段的交互作用（$F_{(3,44)}=0.59$，$p=0.63$）不显著。因此，暴露使三个缩放暴露组的学习速率得以增加，增加至与直接在泛化方向上进行训练的 0°组没有显著差异。这种完全泛化的结果可以通过直接分析节省效应来得到进一步证实。三个缩放泛化组的节省效应分别是 21.4%±5.2%、28.5%±5.7%及 25.8%±4.1%（图 4.3 D），与 0°非暴露组的节省效应没有显著差异（$F_{(3,44)}=0.59$，$p=0.63$）。

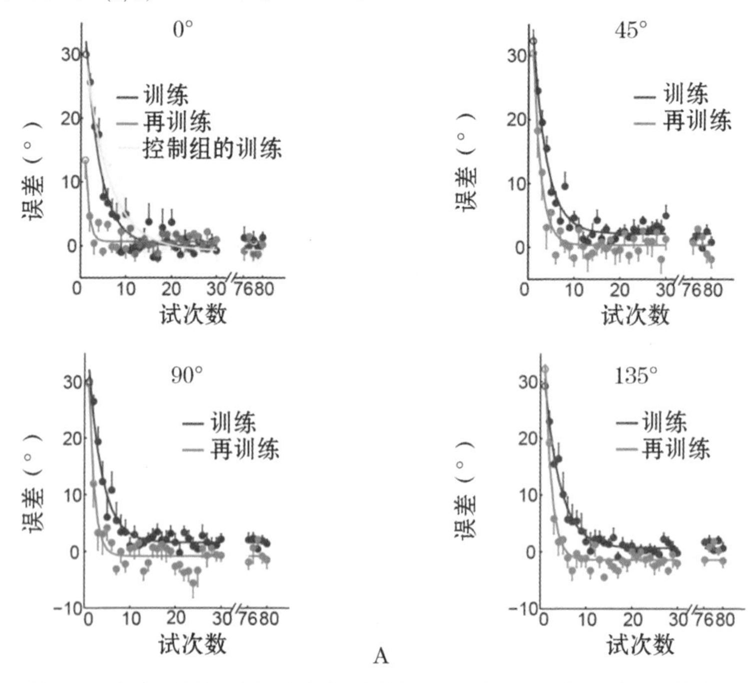

图 4.3　实验 2 通过视觉运动缩放任务在泛化方向进行暴露的学习与泛化情况

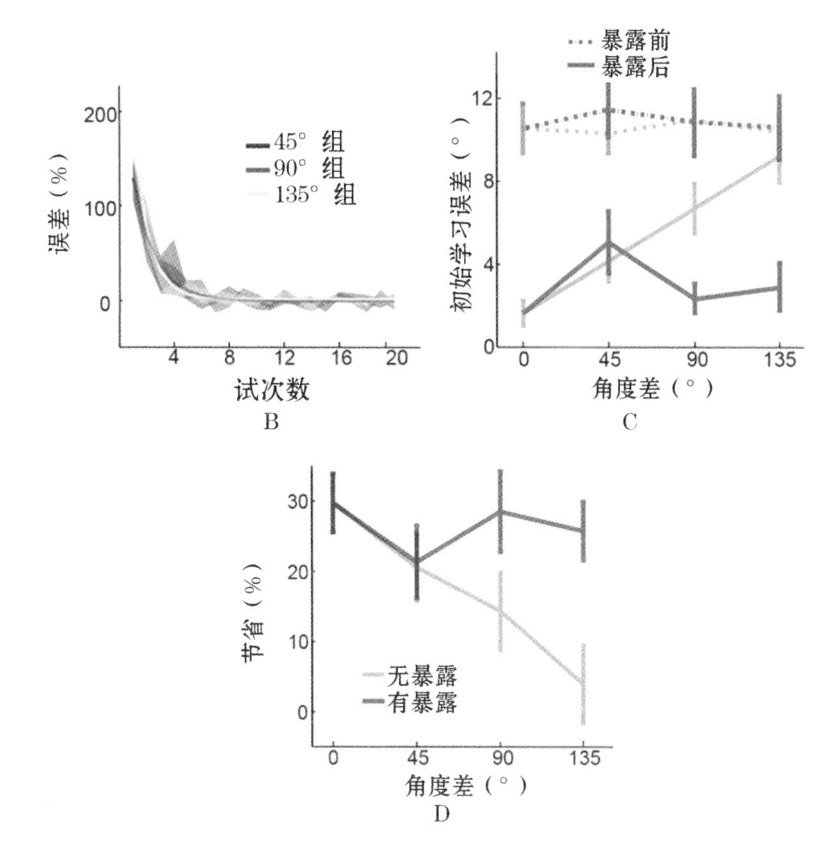

图 4.3　实验 2 通过视觉运动缩放任务在泛化方向进行暴露的学习与泛化情况（续）

A：训练和泛化阶段在 45°、90°和 135°方向的学习情况。误差线表示标准误差。实线是指数函数拟合的学习曲线。泛化阶段的第一个空心圆圈表示后效。第一个图是来自实验 1 的 0°组及只进行了一次旋转学习的控制组。B：缩放暴露组在视觉运动缩放任务中的学习情况。实线是用指数函数拟合的学习曲线。C：在暴露任务之前和之后的初始学习偏差。浅灰线是实验 1 对应的初始学习偏差。D：实验 1（浅色）与实验 2（深色）节省效应的比较。

为了排除仅仅是暴露任务就能提高学习速率的可能性，我们另外招募了一个控制组。该组不进行初始训练阶段，直接在缩放学习后进行视觉运动旋转的测试。暴露任务显然没有影响旋转学习的行为表现：该组的学习程度与实验 1 中 0°组的初始阶段没有显著差异（$t_{(20)} = -1.03$，$p = 0.31$，图 4.3 A）。因此，他们的学习速率与第一次进行旋转学习的被试的学习速率相似。并且，他们的学习速率显著慢于实验 1 中 0°非暴露组第二次学习（$t_{(20)} = 5.01$，$p < 0.001$，$d = 2.24$），以及实验 2 缩放暴露组的学习速率（当分别与 45°、90°和 135°进行比较时，$t_{(20)} = 4.92$，5.57，4.86；$ps < p < 0.001$；$d_s = 2.20$，2.49，2.17）。因此，暴露任务本身是不会影响学习泛化的。它必须与较远方向的初始训练相结合，才能引发学习泛化。

当初始旋转学习的后效被冲洗干净后，方向特异性和暴露效应在冲洗控制组依然存在。三个非暴露组在初始训练阶段首先展现出相似的学习速率，他们在再学习阶段同样又展现出方向特异性（图 4.4 A 灰线）。对初始学习偏差进行了方向阶段混合设计，该设计的方差分析表明阶段的主效应显著（训练与泛化阶段，$F_{(1,33)} = 13.65$，$p < 0.001$，$\eta_p^2 = 0.29$），两者交互作用显著（$F_{(2,33)} = 3.70$，$p < 0.05$，$\eta_p^2 = 0.18$），方向的主效应不显著（$F_{(2,33)} = 2.24$，$p = 0.12$）。简单主效应表明初始学习偏差在训练阶段各方向间没有显著差异。然而，在泛化阶段，学习速率随着角度差的增大而减小，0°组的学习速率显著快于 135°组（$p < 0.01$），但 45°组与 0°组（$p = 0.067$）和 135°组（$p = 0.215$）之间的差异不显著。0°、45°和 135°的节省效应分别为 25.6% ±6.2%、12.7% ±7.6% 及 1.6% ±4.5%（图 4.4 B，单因素方差分析 $F_{(2,33)} = 3.70$，$p < 0.05$，$\eta_p^2 = 0.18$）。事后检验表明 0°组和 135°组差异显著（$p < 0.01$）。因此，我们证明在冲洗后，学习节省依然呈现出方向特异性。

重要的是，在泛化方向上做暴露任务的三个组，他们的方向特异性也同样得到了消除。我们对初始学习偏差进行了以组（之前的 0°无暴露组与两个缩放暴露组）为被试间因素，阶段（训练和泛化）为被试内因素的混合设计方差分析。结果表明组的主效应不显著（$F_{(2,33)} = 0.81$，$p = 0.49$），阶段的主效应显著（$F_{(1,33)} = 62.49$，$p < 0.001$，$\eta_p^2 = 0.65$），两者交互作用不显著（$F_{(2,33)} = 0.35$，$p = 0.71$）。因此，在冲洗阶段后，暴露任务依然可以使学习得到完全泛化（图 4.4 A）。这种完全泛化的结果可以通过分析节省效应来得到进一步验证（图 4.4 B）。45°和 135°缩放暴露组的节省效应分别为 20.3% ±3.7% 与 20.9% ±4.5%，与 0°未暴露组的节省效应没有显著差异（$F_{(2,44)} = 0.35$，$p = 0.71$）。因此，将初始学习冲洗掉不会改变实验 1、实验 2 的结果：节省效应所展现出来的方向特异性可以通过在泛化方向上暴露一个无关的缩放学习任务而消除。

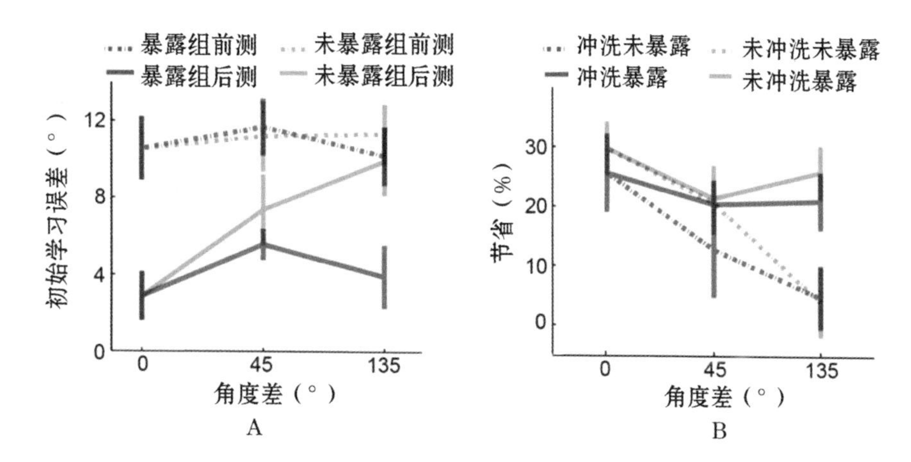

图4.4　在初始训练后进行冲洗阶段的冲洗控制条件的学习与泛化情况

A：暴露任务之前（虚线）和之后（实线）的初始学习偏差。深色线是暴露组，浅色线为非暴露组。B：冲洗条件下与实验1、实验2没有冲洗阶段的节省效应的比较。

4.3.3　实验3

为了探究方向暴露引发泛化的原因，六组被试（注意组、时间组、追踪组、无反馈组、真实反馈组、误差固定组）分别完成了不同的暴露任务。训练和泛化阶段的角度差为在之前的缩放暴露任务中提高效应最为显著的135°。注意组对泛化方向的视觉注意通过被试在亮度辨别任务的表现来衡量（图4.5 A）。相似的，追踪组是否能主动参与追踪任务由追踪学习的行为表现进行衡量（图4.5 B）。

所有组的初始学习速率相似（图4.5 C，图4.5 D）。他们的初始学习偏差与之前的135°无暴露组和135°缩放暴露组没有显著差异（$F_{(7,88)}=0.15$，$p=0.99$）。这些组继而进行了不同暴露任务的学习。在泛化阶段，他们的学习速率再次与135°无暴露组和135°缩放暴露组进行比较，结果发现了显著的差异（$F_{(7,88)}=2.45$，$p<0.05$，$\eta_p^2=0.16$）。事后检验表明，这些组的学习速率显著慢于之前的135°缩放暴露组（与135°无暴露组、注意组、时间组、追踪组、无反馈组、真实反馈组、错误固定组相比，$p=0.007$，0.001，0.001，0.006，0.028，0.028及0.056）。只有缩放暴露组（$t_{(11)}=6.22$，$p<0.001$，$d=3.75$）和误差固定组（$t_{(11)}=2.48$，$p<0.05$，$d=1.50$）表现出了显著的节省效应。真实反馈组的节省效应边缘显著

($t_{(11)}=2.09$，$p=0.06$)。时间组、注意组、追踪组及无反馈组的节省效应与0°组没有显著差异($t_{(11)}=-0.09$，-0.02，1.3，0.89；$p=0.93$，0.99，0.22，0.39)。

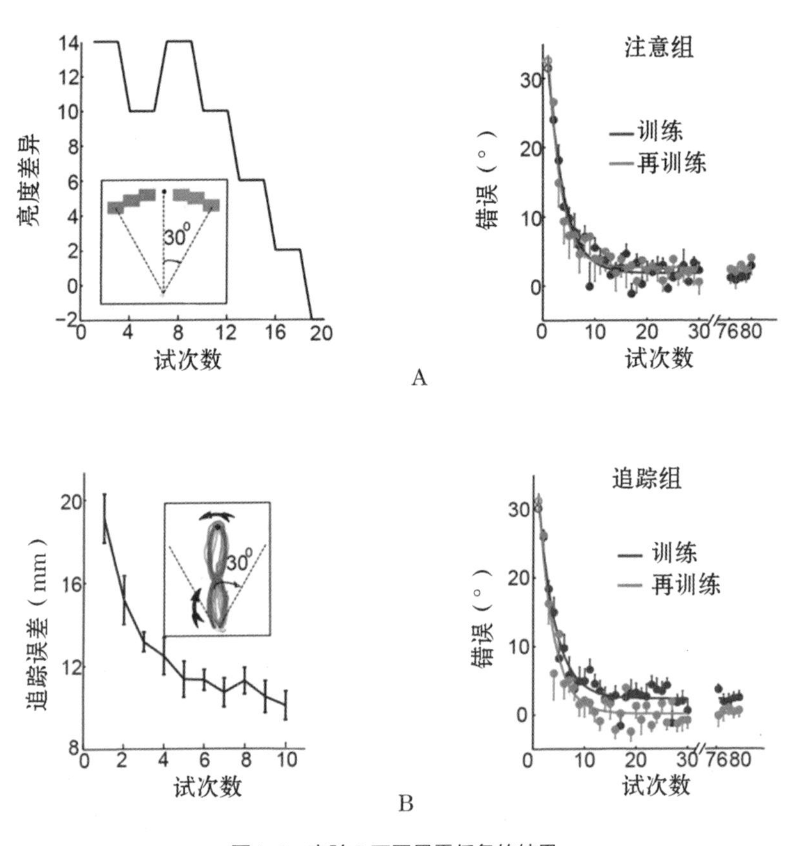

图4.5 实验3不同暴露任务的结果

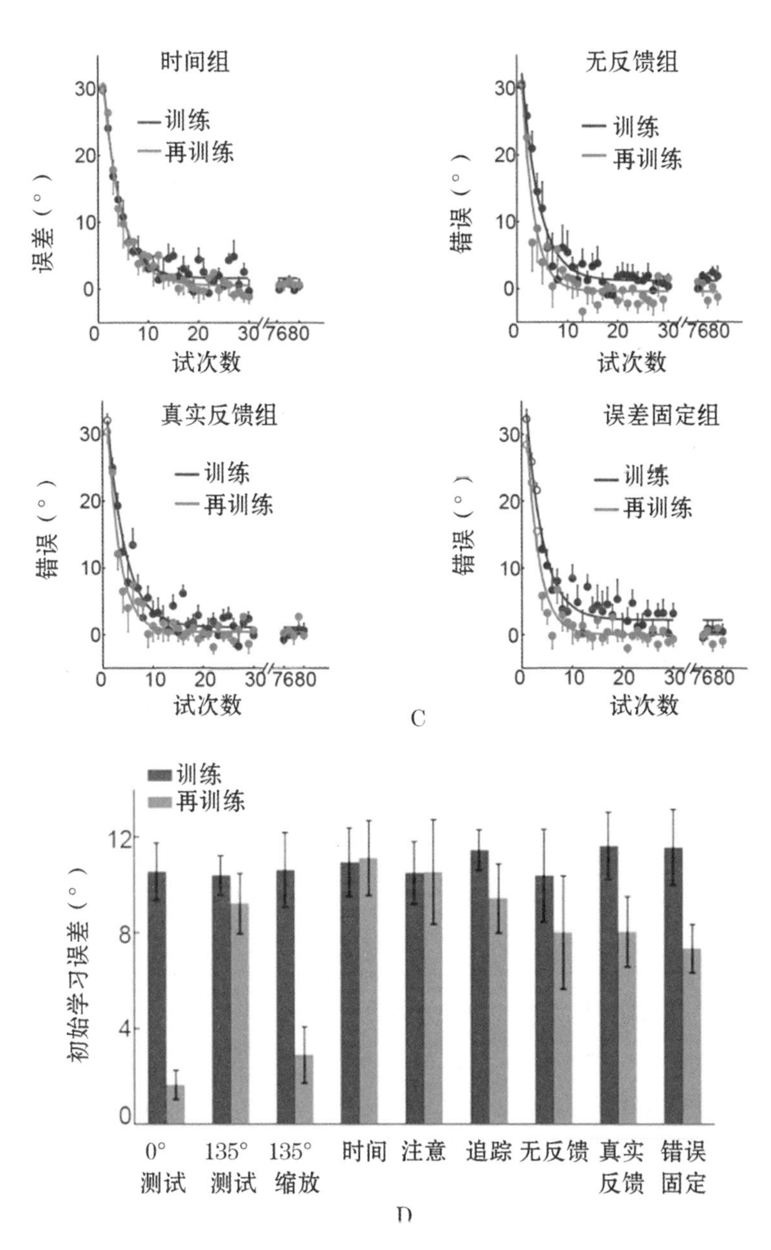

图 4.5　实验 3 不同暴露任务的结果（续）

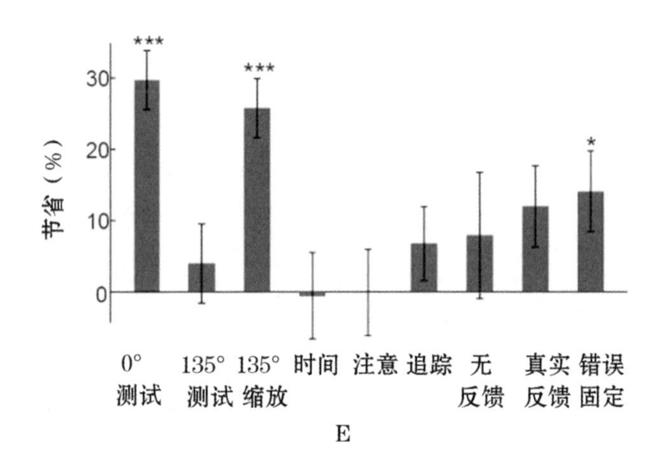

图4.5　实验3不同暴露任务的结果（续）

A：以亮度辨别任务为暴露任务的注意组。左侧，一个典型被试亮度辨别任务的学习曲线。嵌入方框内的图表示刺激可能出现的位置。右侧，训练和泛化阶段的学习曲线。B：以追踪任务为暴露任务的追踪组。左侧，一个典型被试的追踪学习曲线。嵌入方框内的图表示移动目标点的轨迹（深色，不展现给被试）。右侧，训练和泛化阶段的学习曲线。C：其他暴露任务组的旋转学习情况。D：暴露之前和之后的初始学习偏差。阴影中显示的是实验1、实验2的结果。E：不同暴露任务组的节省效应。

误差线表示标准误差。图中标示出与0°有显著差异的组。*代表 $p<0.05$，***代表 $p<0.001$。

4.4　讨　论

我们的研究表明，与后效类似，用节省效应作为测量指标，泛化同样具有方向特异性。即便在再学习前添加冲洗阶段将第一次学习带回到基线水平，这种方向特异性也依然存在。有趣的是，在泛化方向上让被试学习一个无关的视觉运动缩放任务，就可以使节省效应完全泛化到这个方向。控制条件表明，没有方向性错误反馈的视觉运动缩放学习，没有任何干扰的真实视觉反馈学习，均能够引发部分泛化。因此，学习一个新的视觉运动映射关系及暴露方向性错误可能是原始旋转学习完全泛化的必要条件。

在以往研究中，通常使用后效这一指标测量运动学习的方向性泛化。研究者普遍认为行为上发现的窄的泛化曲线与初级运动皮层和小脑的神经元群调谐曲线相联系（Donchin et al.，2003；Paz et al.，2003；Shadmehr，2004）。最新的重新赋权模型（reweighting models）将神经元群体编码模型和状态空间模型相结合，提出了学习是通过错误信号来改变具有固定宽度调谐曲线的神经元群之间的连接而实现的（Poggio & Bizzi，2004；Tanaka，Sejnowski & Krakauer，2009）。在这个模型中，运动学习和泛化是这些权重变化的表现。然而，这些泛化模型都是以后效为测量指标，基于内模型概念提出的，反映的是内隐成分的泛化情况。

与之相对应，在将较大干扰直接引入的条件下，节省效应反映了运动适应中对外显知识的回忆（Haith et al.，2015；Huberdeau et al.，2015；Morehead et al.，2015）。用学习节省法测得的方向特异性，可能反映了运动适应学习中外显认知策略的局限性。从这个角度来说，即便对于"手"这种我们熟悉的效应器，神经系统还是很难将已经习得的认知策略（如朝向非目标点所在方向瞄准）应用到较远方向。

最有趣的是，在泛化方向上给被试暴露一个看似无关的学习任务就可以引发学习的完全泛化。在暴露任务中，激活相似的肌肉模式不能引发泛化，因为追踪组和无反馈组包含了与缩放暴露组相似的手臂运动情况。事实上，无反馈组使用了和缩放暴露组相同的运动和肌肉激活方式。然而，不管是追踪组还是无反馈组都没有表现出任何泛化效应。去掉方向性错误信号的缩放学习和简单的给真实视觉反馈的直线运动能引发部分泛化。需要承认的是，在真实反馈下进行直线运动同样包含一定的学习，因为人们在此可以纠正由于自身运动变动性所产生的错误（Van Beers，2009）。因此，我们推断，学习和经历原始错误信号可以帮助神经系统将已经获得的策略迁移到新的方向上。缩放学习任务包括学习一个新异的视觉运动映射关系，这个特点同样存在于原始的学习之中：视觉运动旋转也同样是学习新异的视觉映射关系。因此，在泛化方向上暴露缩放任务可能引发了元学习机制，神经系统会推测新异的视觉映射关系在较远方向也同样适用，从而加快了旋转再学习的学习速率。这个可能性与近期发现的因果推理是运动学习的固有成分的说法一致（Wei & Kording，2009）。

另外，经历方向性错误，尽管比较小，但对泛化的促进起到重要作用。节省效应与提高对相关错误的敏感性有关（Herzfeld et al.，2014）。我们的暴露任务也许可以帮助神经系统快速地识别出偏转错误，在再学习阶段更快地适应这种错误信号。我们同样注意到对于第一个泛化试次，不管是否经历暴露任务，在较远方向上都没有表现出后效。从这个角度来看，在应用已经习得的学习之前，神经系统至少需要一个试次来探测新环境的情况。

暴露引起的运动学习泛化与视觉知觉学习中的“双重训练”和“训练加暴露”范式使学习得以迁移的结果非常相似（Wang et al.，2014；Xiao et al.，2008；Zhang & Yang，2014；Zhang et al.，2010）。视觉知觉学习通过无关的暴露任务，在非训练条件下使原本不能迁移的任务变得可以完全迁移。这些发现挑战了视觉知觉学习理论中学习依赖早期视觉皮层可塑性的观点（Karni & Sagi，1993；Schoups et al.，1995；Teich & Qian，2003）。类似地，研究者认为运动学习中方向特异性的根源是低级运动脑区的神经元群具有方向特异性（Donchin et al.，2003；Paz et al.，2003；Shadmehr，2004；Thoroughman & Shadmehr，2000）。基于本研究的发现，我们认为运动泛化应该涉及更为广泛的脑区，包括与外显成分相关的前额叶、纹状体和顶叶皮层等（Anguera et al.，2010；Tanaka et al.，2009；Wachter et al.，2010）。

我们的结果与之前报告的运动学习泛化受自上而下机制影响的结论一致。例如，先前的运动经验（Krakauer et al.，2006；Wei et al.，2014）与被试对学习材料的熟悉性（Yan et al.，2013）可以提高以后效为测量指标的泛化水平。值得注意的是，这些研究表明泛化水平的提高通常与长时间暴露相同或相似的学习任务相联系。例如，因为鼠标使用和视觉运动缩放学习共享相似的视觉运动转换关系，每天使用电脑鼠标就会对视觉运动缩放学习的泛化有所促进（Wei et al.，2014）。我们当前的研究更进了一步，说明通过短暂暴露一个无关的学习任务就可以使学习完全泛化到较远方向。

最后，运动学习包含多种学习成分，对不同成分的不同属性加以区分有利于我们探究学习的内在本质。因此，内隐成分受低级神经元调谐曲线所限，不易泛化；外显成分是对高层级规则策略的学习，可以通过一定的训练手段达到完全泛化。

4.5 结 论

本研究以节省效应为测量指标，探讨了运动适应中外显知识的泛化规律。我们发现与内隐成分类似，外显成分同样具有方向特异性。有意思的是，让被试再学习一个无关但类似的运动适应任务（所谓的暴露任务），方向特异性便可被消除，即初始的运动学习可以完全泛化到任何方向上。研究还发现暴露任务是否有效取决于是否包含和初始学习类似的错误信号。我们推测暴露任务造成完全泛化的原因可能是引发了元学习或是去除了对初始学习记忆表达的抑制。外显成分的泛化模式与知觉学习中基于规则的学习理论相符合。这些结果为我们了解外显学习成分的本质提供了新思路。

5 总结与展望

运动适应是运动学习领域中的一个重要分支，对我们已经熟练掌握的运动技能，在外界环境改变的情况下，研究运动系统如何做出快速调整。例如，我们已经习惯了在空气介质中进行够物运动，如何适应在水中抓取到想要得到的物体；在有风的天气打羽毛球，如何根据风向和风速调整我们击球的方向和力度大小等。

研究者早期关注这类学习是如何内隐地、自动化地发生的，却忽略了人作为智慧的主体在面对环境改变的情况下，可以在运动计划阶段采用外显策略对自己的行为进行指导。例如，当我们打羽毛球时，如果发现球总是不能过网，我们就会下意识地加大自己的击球力度；如果发现球经常出界，那么我们就会采取策略，下压球拍或减小击球力度。目前，研究者逐渐意识到，即便在这种简单的任务中也存在着多种学习过程的交互：除了内隐成分外，外显知识也扮演着不可忽视的重要角色。本研究从短时记忆、长时记忆和学习泛化三个层面出发，对运动适应中外显知识的作用和特点进行探讨。

5.1 外显知识在运动适应中的作用与特点

当发现将适应学习归为单一的内隐加工过程有很多现象不能被解释时，研究者开始关注隐藏在适应学习背后的外显知识成分，并试图采取不同的方法，将内隐与外显成分分离开来。例如，研究者采用言语指导的方式，将对抗干扰的外显策略直接告诉被试（Mazzoni & Krakauer，2006；Taylor & Ivry，2011）；通过线索提示他们当前环境有无干扰（Benson et al.，2011；Morehead et al.，2015）。还有研究者在目标点附近给被试提供方向标志，让他们在运动前报告自己主观瞄准的方向，在相对自然的条件下，得到被试在每个运动试次中对外显策略与内隐学习大小的估计（Bond & Taylor，2015；Day et al.，2016；McDougle et al.，2015；Morehead et al. , 2015; Taylor et al. , 2014)。还有些较为间接的方式，如按不同成分的表达所需的准备时间不同（Haith et al. , 2015），或者是否容易随时间衰退（Hadjiosif & Smith，2013）等性质将它们进行分离。这些研究得到的结论是，运动适应任务中至少存在两种性质完全不同的学习成分：内隐成分学习较慢，能在较短反应时内表达，不易在短暂的休息过程中衰退，在学习晚期起主导作用；外显成分学习较快，表达需要较长的准备时间，在短暂的时间内易衰退，在学习早期起主导作用（Huberdeau et al. , 2015）。然而，关于外显成分特点与作用的研究尚处于初级阶段。于是，我们从短时记忆干扰、长时记忆巩固和学习泛化三个层面出发，对外显知识在运动适应中的作用和特点进行系统性研究。

运动记忆的形成包含两个不同的阶段。第一阶段：新学习的运动技能被储存在短时的工作记忆中，较为脆弱，易受后续运动学习的干扰（Tong & Flanagan，2003）。第二阶段：学习巩固为长时记忆，不再受其他运动学习的干扰（Brashers－Krug，Shadmehr & Bizzi，1996；Muellbacher et al. , 2002；Shadmehr & Brashers－Krug，1997）。长时记忆表达的一种重要形式为学习节省，指再学习时比第一次学习学得更快的现象（Krakauer，Ghez & Ghilardi，2005；Zarahn et al. , 2008）。在研究一和研究二中，我们分别探讨了外显知识在短时记忆干扰及节省效应产生中所起的作用。然而，人类学习不仅在于记忆某些具体的内容，更为了将学习应用到新的情境中。运动泛化研究在一个情境下的学习如何影响未训练情境下的学习表现，并为运动学习的本质提供了一个独特的窗口（Poggio & Bizzi，2004；Shadmehr，2004）。在研究三中，我们探究了外显成分的泛化特点。

研究一，我们旨在探讨外显知识在短时运动记忆干扰中所起的作用。在学习晚期或对于已经熟练掌握的运动任务，人们较少依赖注意、执行控制等认知资源，运动的目的和计划都是无意识地存在于运动准备阶段的；但此时，通过运动想象可以使适应学习中的外显成分凸显出来，将无意识的运动计划过程上升到意识层面（Jeannerod，1994，1995）。因此，对于熟练掌握的运动任务，通过运动想象对记忆进行提取，得到的主要是外显知识成分。采用提取练习范式，我们发现对于同时掌握的两种视觉运动映射关系，提取其中一种记忆的外显成分会损害另一种记忆的即时表达。我们猜测这种提取诱发遗忘的现象可能源自抑制机制，在运动计划阶段主动选择一种记忆的同时将对与之相关的竞争记忆造成抑制；而动作执行只是增加了被提取记忆的强度，不会对竞争记忆产生抑制。

研究二，我们旨在考查外显知识在节省效应产生中所起的作用。随着研究者对适应学习中外显成分关注度的提高，人们对节省效应产生原因的解释也逐渐由内隐成分转向外显成分了。目前，最为流行的两种观点分别为外显策略回忆说（Hadjiosif & Smith，2013；Haith et al.，2015；Huberdeau et al.，2015；Morehead et al.，2015）与错误回忆说（Herzfeld et al.，2014）。两种假说认为节省效应产生的必要条件分别是在第一次学习过程中产生外显策略及经历与再学习阶段相似的错误信号。但在通常情况下，被试在第一次学习过程中既能看到相似的错误信号，又能因此产生外显策略。我们不能区分究竟哪种因素才是节省效应产生的先决条件。在该研究中，我们通过一系列新异的实验范式将外显策略从错误信号中分离出来，发现不管对于初始学习还是再学习阶段，外显策略都不是节省效应产生的先决条件。被试在初始学习阶段经历明显的错误信号才是节省效应产生的关键因素。节省效应的表达具有很强的灵活性，试图用单一的机制解释所有学习速率提高的现象是不可能的。节省效应产生的原因受初始学习阶段被试所接受的视觉反馈形式的影响，可能来自对外显策略的回忆、策略的快速产生及更快的内隐学习。但需要注意，在研究者最常使用的即在第一个试次直接引入较大干扰的范式中，节省效应确实源自对已经产生的外显策略的回忆。

研究三，我们旨在探究外显知识在方向上的泛化特点。以往关于方向性泛化的研究均是以后效作为测量指标的。研究者发现运动学习具有方向特异性，并认为这种特异性是由于低级运动脑区的神经元群具有方向特异性所决定的（Donchin et al.，2003；Paz et al.，2003；Shadmehr，2004）。然而，后效通常被认为是反映学习中内隐成分的表达（Krakauer，2009），即上述方向特异性主要体现了内隐成分的泛化特点。我们尚不清楚外显成分的泛化情况如何。于是本研究以节省效应为指标，测量了视觉运动旋转学习中外显成分的方向性泛化的特点。外显成分反映了人们对高层级的认知策略的加工，我们猜测它应该在方向间可以完全迁移。但出乎意料的是，我们发现与内隐成分类似，外显成分同样具有方向特异性。有意思的是，让被试在迁移方向再学习一个无关但类似的运动适应任务，方向特异性便可被消除。特异性消除的原因可能是引发了元学习或者去除了对初始学习记忆表达的抑制。这样的结果表明，运动学习的不同成分具有不同的泛化特点，外显成分的泛化模式与知觉学习中基于规则的学习理论相符合。

综合上述三个研究，我们为外显知识在运动适应任务中起重要作用的观点提供了新的证据。外显知识可以引发两个同时获得的运动记忆之间的短时干扰；尽管外显知识在长时记忆中起重要作用，但它的作用取决于初始学习阶段错误反馈形式的特点，并非节省效应产生的唯一原因；外显成分同样具有方向特异性，但通过暴露任务可以完全泛化到任何方向。

5.2 外显知识在运动适应中的作用对运动技能学习的启发

运动学习除了包括对变化的适应性学习外，还包括对新的运动技能的学习。外显知识在运动适应任务中所起的重要作用对我们理解运动技能学习中的不同成分具有启发意义。运动学习的神经机制通常被认为与陈述性系统的不同。对健忘症病人 H. M. 的研究，促使研究者将长时记忆划分为外显的陈述性记忆和内隐的非陈述性记忆（Milner，1962）。陈述性记忆是对事实和事件的记忆，通常与可以被有意识回忆出来的知识相关（Stanley，2011）。程序性记忆是非陈述性记忆中的一种，包含各种自动化技能的学习，只能通过做某些事情而表现出来（Squire，1992）。

为了治疗 H. M. 的癫痫症，医生对其进行了双侧颞叶切除手术。虽然癫痫状况得到了明显改善，但他却出现了严重的健忘症，记不住刚刚发生的事情。在一项开创性的实验中，研究者不让 H. M. 看到自己真实手的位置，要求他对着镜子中的手完成勾画五角星轮廓的任务（Milner，1962）。在连续三天的练习中，尽管他每天都不记得自己做过这样的实验，但画五角星的成绩却逐渐得到了提高，即 H. M. 遗忘了任务相关的外显知识，但对运动技能的记忆却得到了保留。研究者普遍认为这样的结果说明程序性记忆和陈述性记忆是两个相互独立的记忆系统。认知神经科学领域中一个标准化的观点是，人们对运动技巧的掌握不依赖外显知识（Cohen & Squire，1980），甚至有些认知神经科学的课本中并不涉及运动技能的章节。

事实上，与运动适应相似，对运动技能的学习不单纯是程序化的学习，同样需要依赖陈述性知识（Stanley & Krakauer，2013；Anderson，1982）。研究者对于 H. M. 实验所忽略的一点是，在每次任务操作前，他都要接受外显的言语指导。他忘记了自己用过的外显知识，但并不代表他在操作任务的时候不依赖外显知识。实际上如果每天不重新给他们指导语，遗忘症病人便不能完成任何运动任务。例如，在学习网球发球时，我们需要首先掌握抛球、挥拍、扭转身体等外显的动作要领，然后通过逐步练习才能使动作达到精准熟练的程度，进而减少对陈述性知识的依赖，形成程序性记忆。当然对于网球高手，他们可以清晰地用语言描绘出发球所对应的身体协调方式。运动技能外显知识的增加，会促进人们运动准确度的提高。因此，外显知识在运动技能的学习过程中同样起着重要作用。

5.3 运动适应中记忆和泛化的特点与其他系统的相似之处

对于运动适应，从定义来看，外显成分是有意识的学习过程，涉及的策略大多能用语言所描绘，故更加接近陈述性记忆；内隐成分是无意识自动化的学习过程，不能用语言所表达，故更接近程序性记忆。

研究一发现的运动想象而非运动执行能影响未提取记忆的回忆，与陈述性记忆领域中发现的提取诱发遗忘效应非常类似（Anderson et al.，1994；Chan，2009；MacLeod，Hulbert & Benjamin，2011；MacLeod & Macrae，2001；Saunders et al.，2009）。研究者首先让被试学习一系列“种类词＋样例词”的词对，如“Fruit－apple”“Fruit－pear”“Animal－cow”“Animal－sheep”。接下来让被试以“种类词＋部分缺失的样例词”的形式，对之前学习过的一半种类词中的一半样例词进行提取练习，如“Fruit－pe_ ”。最后阶段依然以“种类词＋部分缺失的样例词”的形式让被试对所有学习过的样例词进行回忆。结果发现同样是未曾提取练习过的项目，相对于未提取种类下的样例词（cow 与 sheep），被试对提取种类下的未提取样例词（apple）的回忆率更低。即当有意识地提取一个已经学习过的单词时，与之相关但未被提取的项目就会受到影响。这里强调提取的主动性，如果在提取练习阶段给被试呈现完整的样例词“pear”，让被试提取种类词“Fr_ ”，就不会发现上述对“apple”的提取受到影响的现象。

我们猜测正是因为运动适应依赖外显知识，而外显知识对应陈述性记忆，才使我们发现了运动记忆与陈述性记忆的相似之处。两个系统提取诱发遗忘效应的产生均依赖于有意识的、主动提取的过程，无意识的自动化加工都不能带来干扰现象。我们猜测这种干扰效应涉及抑制机制：有意识地提取一种记忆会对其竞争记忆产生抑制，由此导致遗忘；较少涉及认知资源的提取方式只会增加这种记忆的强度，并不会对竞争记忆产生抑制，也不会导致遗忘。在运动适应中，正是因为存在有意识的外显成分，我们发现了两种同时学习的运动适应任务中的干扰效应。因此，我们有理由推断，运动适应任务中的外显成分很有可能是连接运动记忆与陈述性记忆的纽带。

研究二探讨的学习节省是一个在很多系统中都存在的记忆效应，包括语言、知觉和运动等不同领域（Ebbinghaus，1913；Kojima，Iwamoto & Yoshida，2004；Krakauer et al.，2006；Lebrón，Milad & Quirk，2004；Liu & Weinshall，2000；Medina，Garcia & Mauk，2001）。有研究认为，运动适应范式中的节省效应反映了陈述性而非程序性的记忆形式（Haith et al.，2015）。但与此观点不同，我们的研究二表明，除了陈述性记忆外，学得更快也可以通过内隐的方式来表达，反映为程序性记忆。对于逐渐学习组，被试在初始学习阶段并没有形成明显的、可被描述的外显策略，但我们在实验2却发现被试的再学习速率有了明显的提高。我们推测，使用瞄准报告范式与不使用相比，瞄准标志的存在使被试的感知预测偏差变得更为清晰（Taylor & Ivry，2011），由此加强了被试内隐的学习过程。而且，这种内隐的学习过程所反映的程序性记忆同样可以在练习中得到提高。在初始学习阶段，被试主要采用内隐的加工方式来减少误差，于是在再学习阶段，当他们经历更加明显的感知预测偏差时，他们同样采用熟悉的内隐加工方式来减少误差，而且学习速率更快。之前发现所谓的内隐学习不会对节省效应产生任何贡献（Haith et al.，2015；Morehead et al.，2015）的原因是，人们对外显策略的依赖会优先于内隐学习。当在初始阶段已有瞄准策略产生时，被试在再次学习时会优先提取已经形成的外显策略，由此掩盖了程序性记忆同样可以随着练习而得到提高的事实。因此，研究二的结果表明，随着练习，运动适应任务中的陈述性和程序性成分都会得到提升。

知觉学习指人们通过训练提高知觉能力的过程（Gibson，1963），如对刺激朝向、相位、运动方向的辨别等（Merav Ahissar & Hochstein，1993；Ball & Sekuler，1982；Dosher et al.，2013）。传统意义上认为，知觉学习区别于其他学习的重要特性之一是具有特异性，即知觉学习的效果只能体现在训练条件中。在视觉知觉学习领域，学习通常特异于训练特征与视网膜位置（Ball & Sekuler，1982；Fahle & Morgan，1996；Shiu & Pashler，1992），这暗示了学习很可能发生在具有视网膜拓扑性、编码基本视觉特征的初级视觉皮层上。与之类似，以后效为测量指标，人们对视觉运动旋转的学习也具有方向特异性（Ghahramani et al.，1996；Krakauer et al.，2000）。研究者普遍认为这种方向特异性的根源是低级运动脑区的神经元群具有方向特异性。两个领域都强调学习的局部泛化是由自下而上的神经调控所决定的。

目前，知觉学习领域提出了基于规则的学习理论。采用双重训练与训练加暴露范式，知觉学习最初表现出的特征与位置的特异性能够得以消除（Wang et al.，2014；Xiao et al.，2008；Zhang & Yang，2014；Zhang et al.，2010）。因此，研究者认为知觉学习本身是一个高级学习过程，人们学到的是对视觉输入进行重新加权的规则，即高级决策单元习得了有效调整初级视觉皮层权重的规则。类似的，运动适应任务中的外显成分对应高级认知策略，应该在方向间具有可迁移性。

研究三发现的暴露任务引发外显成分完全泛化的现象，再次与知觉学习的结果相呼应。运动适应任务中的外显成分学到的是高层级的策略和规则，不受限于低级运动脑区的神经元群的特性。暴露任务造成完全泛化的原因可能是引发了元学习或是去除了对初始学习记忆表达的抑制。这样的结果说明，不管对于知觉学习还是运动学习，人们都学到了高层级的抽象规则，可迁移至未训练条件。

因此，我们认为，运动适应学习有其特有的规律特点，但以外显知识为桥梁，在短时记忆、长时记忆和学习泛化等方面与陈述性记忆、知觉学习系统之间存在非常有趣的相似。

5.4 未来发展方向

领域内对运动适应学习曲线的描述中最著名的是两变量的“状态－空间模型（state－space model）”（Donchin，Francis & Shadmehr，2003；Thoroughman & Shadmehr，2000）。它用马尔可夫学习规则更新运动状态，解释每个试次中行为误差的改变。其中一个参量描述学习速率，另一个参量对应记忆保持。基于被试的行为表现可能反映了不同学习过程在不同时间尺度上共同作用的观点，研究者对该模型进行了重要延伸（Smith et al.，2006）：认为一个系统学得快且遗忘快；另一个系统学得慢但记忆保持时间长。其数学表达为：

$$x_1(n+1)=A_f\cdot x_1(n)+B_f\cdot e(n);$$

$$x_2(n+1)=A_s\cdot x_2(n)+B_s\cdot e(n);$$

$$B_f>B_s,\ A_s>A_f x=x_1+x_2。$$

其中，x_1 和 x_2 分别代表快系统和慢系统，两者之和为总的运动输出 x。$e(n)$ 是第 n 个试次的误差。A 代表记忆保留的程度，B 是学习速率。然而，这个模型是基于内隐成分提出的，尚不清楚外显成分在模型中处于怎样的位置。有研究直接将外显成分与两速率模型中的快系统、内隐成分与慢系统相联系（McDougle et al.，2015）。

这样的直接关联似乎过于简单。驱动内隐和外显学习成分的错误信号可能在本质上是不同的，但目前的双速率模型对不同的学习过程使用的是相同的错误信号。以视觉运动旋转为例，已有的证据表明内隐成分对预期光标会出现的位置和光标实际出现的位置之间的差异（感知预测偏差）敏感（Shadmehr et al.，2010），而外显成分对光标实际出现的位置与目标点之间的差异（表现误差）敏感。值得注意的是，在很多情境下，我们很难将这两类错误信号区分清楚：通常我们朝向目标点瞄准，那么就会预期光标出现在目标点位置。然而，在瞄准报告范式中（Bond & Taylor，2015；Day et al.，2016；McDougle et al.，2015；Morehead et al.，2015；Taylor et al.，2014），我们可以清晰地区分这两种误差信号：被试报告的瞄准方向与光标反馈之间的差异是感觉预测偏差，光标反馈与目标点之间的差异是表现误差。在马佐尼（Mazzoni）与克拉考尔（2006）提出的策略指导范式中（在干扰刚施加时，将干扰的性质告知被试，并为被试提供对抗干扰的策略与瞄准标志），出现漂移现象的原因是：尽管此时光标正好落到目标点上，表现误差为0°，但在瞄准位置和光标反馈之间存在45°差异，即感觉预测偏差为45°；被试不惜以牺牲任务本身的绩效为代价来纠正感知预测偏差，进行内隐学习。后续研究表明（Taylor & Ivry，2011），如果将训练试次延长，这种漂移又会逐渐减小至0°。这是因为当被试发现光标反馈与目标点之间的差距过大时，他们会对之前被告知的外显策略进行调整，逐渐减小任务表现误差。由此我们可以推测，内隐学习主要受感知预测偏差驱动，对任务完成得成功与否并不敏感；外显学习则关注任务完成的准确性。但很显然，目前的双速率模型只使用了一种错误信号，即感觉预测偏差，来同时驱动快系统和慢系统。因此，当前研究者试图利用快、慢系统来分别对应外显和内隐学习成分，就必须考虑模型需要引入表现误差。

另外，两种学习过程可能是由不同的学习算法来实现的。近期的研究表明，这种在每个试次中以固定的速率对误差进行学习的算法可能对内隐学习的描述并不准确，因为有研究发现，学习函数及学习后期的渐进状态似乎与错误信号的大小不成比例（Bond & Taylor，2015；Fine & Thoroughman，2007；Morehead et al.，2014；Wei & Kording，2009）。类似的，外显学习具有较强的非单调性，且存在较大的个体差异：不同的被试可能在不同的时间点突然意识到干扰的性质，并开始采用策略，行为表现为误差突然的、非连续性的减小（Taylor et al.，2014）。我们通常看到的典型的学习曲线可能并不能反映被试个体的学习情况，它只是反映了被试学习的平均趋势（Gallistel，Fairhurst & Balsam，2004）。因此，我们需要考虑用不同的算法来描述内隐和外显的学习过程。

关于运动适应学习的神经机制，脑成像研究表明前额叶、运动前区、初级运动皮层、顶叶、基底神经节、小脑等区域均在不同程度上参与了不同的运动适应任务。研究者普遍认可的一个观点是，内隐成分的学习主要依赖于小脑的活动（Diedrichsen et al.，2005；Golla et al.，2008；Morton & Bastian，2006；Smith & Shadmehr，2005；Tseng et al.，2007）。小脑的活动与感觉预测偏差相关（Schlerf et al.，2012）。

然而，目前关于适应任务中外显成分的神经机制还没有得到充分研究。一些间接的证据表明，额叶很有可能在这个过程中起关键作用。有研究发现额叶区域，包括前额叶的内侧和外侧，以及前运动区在运动学习的早期表现出了更强的激活（Krakauer et al.，2004；Seidler，Bo & Anguera，2012；Shadmehr & Holcomb，1997）。尽管人们通常认为前额叶的激活与元认知控制过程相关，比如计划、工作记忆和监督等，但也有理由认为这些区域在策略改变中起作用。

另外，研究者发现了小脑和额叶损伤的病人在上述马佐尼与克拉考尔（2006）提出的策略指导范式中表现出重大差异：小脑损伤的病人比控制组表现得更加准确，在实施瞄准策略的情况下有更少的漂移（Taylor，Klemfuss & Ivry，2010），研究者认为小脑损伤导致他们对感知预测偏差不敏感，正是这种不敏感性使他们免受内隐学习对任务表现所带来的不良影响。与之相对应的，中风而导致的前额叶损伤的病人表现出比控制组更多的漂移（Taylor & Ivry，2014）。研究者认为这种模式反映了前额叶损伤病人不能进行瞄准策略调整所带来的缺陷，保留完好的内隐学习导致他们在行为表现的误差逐渐增大。与这个假设类似，老年人被认为在一定程度上有额叶机能障碍，他们能表现出完好的内隐学习，但是外显学习能力却有所下降（Heuer & Hegele，2011）。这些结果暗示了额叶可能是负责外显成分的神经机制。

如果额叶是主要负责外显学习成分的神经机制，那么可以推测在我们的研究一中，通过运动想象进行记忆提取与动作的实际执行相比，会更大程度地涉及额叶的激活。对于研究二的实验2，在再学习阶段的早期，我们猜测对于旋转控制组与双光标组，额叶会有更大程度的激活，而对于逐渐学习组，小脑会有更大程度的激活。对于研究三，缩放暴露组与未暴露组相比，额叶会有更强的激活。

今后，我们需要深入探讨运动适应中外显成分所对应的神经机制。另外，适应学习是外显和内隐两种加工机制共同作用的结果。我们还需了解外显成分对应的脑区和内隐成分对应的小脑之间的相互作用关系。

总的来说，我们可以从数量化模型和神经机制两个方面对单独的外显成分，以及外显、内隐两个成分之间的相互关系进行深入研究。模型方面需要考虑驱动两种成分学习的错误信号及算法的不同；脑成像研究需要明确外显成分的神经机制，以及在不同的任务情境下，不同脑区之间的相互作用关系。

6 结 论

研究一：我们发现对于同时学习的两种运动适应任务，通过运动想象而非执行来提取其中一种运动记忆，会对另外一种记忆的即时回测造成干扰。这样的结果说明，对一种运动记忆的外显知识的提取会阻碍与之相关的运动记忆的短时表达。此外，这样的发现类似于陈述性记忆中的提取诱发遗忘现象，暗示了运动记忆可能以外显知识为桥梁，与陈述性记忆共享某些相似的认知机制。

研究二：我们发现是否经历过明显的错误信号，而非外显策略的产生是节省效应出现的先决条件。节省效应产生的原因受初始学习阶段错误反馈形式的影响，可能源自对外显策略的回忆、策略的快速产生及更快的内隐学习。这样的结果说明我们的感知运动系统具有灵活性，可以根据可用信息的不同，使用不同的加工机制，最终达到相似的学习效果。

研究三：我们发现对外显知识的泛化同样具有方向特异性，但无关的暴露任务可以使初始的运动学习完全泛化到任何方向。我们猜测，暴露任务造成完全泛化的原因可能是引发了元学习或是去除了对初始学习记忆表达的抑制。这样的结果表明运动学习中不同成分的泛化规则不同，外显成分的泛化模式与知觉学习中基于规则的学习理论相符合。

综合来看，即便在运动适应这种简单的运动学习过程中，外显知识也起着不可忽视的重要作用，并具有与内隐成分不同的特点：外显知识可以引发两种同时习得的运动记忆之间的短时干扰；尽管外显知识在长时记忆的形成与表达中起重要作用，但它具体的作用取决于初始学习阶段的特点，而并非节省效应产生的唯一原因；对外显知识的泛化尽管在测试中呈现出方向特异性，但通过合适的暴露任务就可以完全泛化到任何方向。这些结果与陈述性记忆与知觉学习领域中的发现相呼应。由此我们推测，作为运动适应中相对高层级的学习成分，外显成分可能包含与其他学习、记忆系统相似的认知加工过程。

参考文献

[1] AHISSAR M, HOCHSTEIN S. Attentional control of early perceptual learning[J]. Proceedings of the national academy of sciences, 1993, 90(12):5718 - 5722.

[2] AHISSAR M, HOCHSTEIN S. Task difficulty and the specificity of perceptual learning [J]. Nature, 1997, 387(6631):401 - 406.

[3] ANDERSON J R. Acquisition of cognitive skill[J]. Psychological review, 1982, 89(4):369.

[4] ANDERSON M C. Rethinking interference theory: executive control and the mechanisms of forgetting[J]. Journal of memory and language, 2003, 49(4):415 - 445.

[5] ANDERSON M C, BLORK E L, BJORK R A. Retrieval - induced forgetting: evidence for a recall - specific mechanism[J]. Psychonomic bulletin & Review, 2000, 7(3):522 - 530.

[6] ANDERSON M C, BJORK R A, BJORK E L. Remembering can cause forgetting: retrieval dynamics in long - term memory[J]. Journal of experimental psychology: learning, memory, and cognition, 1994, 20(5):1063.

[7] ANGUERA J A, REUTER - LORENZ P A, WILLINGHAM D T, SEIDLER R D. Contributions of spatial working memory to visuomotor learning[J]. Journal of cognitive neuroscience, 2010, 22(9): 1917 - 1930.

[8] ANNETT J. Motor imagery: perception or action? [J]. Neuropsychologia, 1995, 33(11): 1395 - 1417.

[9] ASHBY F G, TURNER B O, HORVITZ J C. Cortical and basal ganglia contributions to habit learning and automaticity[J]. Trends in cognitive sciences, 2010, 14(5):208 - 215.

[10] AVILA I, REILLY M P, SANABRIA F, POSADAS - SANCHEZ D, CHAVEZ C L, BANERJEE N, CASTANEDA E. Modeling operant behavior in the Parkinsonian rat[J]. Behavioural brain research, 2009, 198(2):298 - 305.

[11] BALL K, SEKULER R. A specific and enduring improvement in visual motion discrimination [J]. Science, 1982, 218(4573):697 - 698.

[12] BARADUC P, LANG N, ROTHWELL J C, WOLPERT D M. Consolidation of dynamic motor learning is not disrupted by rTMS of primary motor cortex[J]. Current biology, 2004, 14(3):252 - 256.

[13] BAUMEISTER R. Choking under pressure: self – consciousness and paradoxical effects of incentives on skillful performance[J]. Journal of personality and social psychology, 1964, 46(3): 610.

[14] BAUMEISTER R F, SHOWERS C J. A review of paradoxical performance effects: choking under pressure in sports and mental tests [J]. European journal of social psychology, 1986, 16 (4): 361 – 383.

[15] BAUML K H, ASLAN A. Part – list cuing as instructed retrieval inhibition[J]. Memory & Cognition, 2004, 32(4): 610 – 617.

[16] BEDARD P, SANES J N. Basal ganglia – dependent processes in recalling learned visual – motor adaptations[J]. Experimental brain research, 2011, 209(3): 385 – 393.

[17] BEILOCK S L, CARR T H. On the fragility of skilled performance: what governs choking under pressure[J]. Journal of experimental psychology: general, 2011, 130(4): 701.

[18] BEILOCK S L, CARR T H, MACMAHON C, STRAKES J L. When paying attention becomes counterproductive: impact of divided versus skill – focused attention on novice and experienced performance of sensorimotor skills[J]. Journal of experimental psychology: applied, 2002, 8(1): 6.

[19] BENSON B L, ANGUERA J A, SEIDLER R D. A spatial explicit strategy reduces error but interferes with sensorimotor adaptation[J]. Journal of neurophysiology, 2011, 105(6): 2843 – 2851.

[20] BOCK O. Components of sensorimotor adaptation in young and elderly subjects [J]. Experimental Brain Research, 2005, 160(2): 259 – 263.

[21] BOCK O, SCHNEIDER S, BLOOMBERG J. Conditions for interference versus facilitation during sequential sensorimotor adaptation[J]. Experimental brain research, 2001, 138(3): 359 – 365.

[22] BOND K M, TAYLOR J A. Flexible explicit but rigid implicit learning in a visuomotor adaptation task[J]. Journal of neurophysiology, 2015, 113(10): 3836 – 3849.

[23] BRASHERS KRUG T, SHADMEHR R, BIZZI E. Consolidation in human motor memory. Nature, 1996, 382(6588): 252 – 255.

[24] BRAUN D A, AERTSEN A, WOLPERT D M, MEHRING C. Motor task variation induces structural learning[J]. Current biology, 2009, 19(4): 352 – 357.

[25] BROWN R M, ROBERTSON E M. Inducing motor skill improvements with a declarative task [J]. Nature neuroscience, 2007a, 10(2): 148 – 149.

[26] BROWN R M, ROBERTSON E M. Off – line processing: reciprocal interactions between declarative and procedural memories[J]. The journal of neuroscience, 2007b, 27(39): 10468 – 10475.

[27] CAITHNESS G, OSU R, BAYS P, CHASE H, KLASSEN J, KAWATO M, FLANAGAN J R. Failure to consolidate the consolidation theory of learning for sensorimotor adaptation tasks[J]. The

journal of neuroscience,2004,24(40):8662 – 8671.

[28] CHAN J C. When does retrieval induce forgetting and when does it induce facilitation? implications for retrieval inhibition,testing effect,and text processing[J]. Journal of memory and language,2009, 61(2):153 – 170.

[29] CIRANNI M A,SHIMAMURA A P. Retrieval – induced forgetting in episodic memory [J]. Journal of experimental psychology:learning,memory,and cognition,1999,25(6):1403.

[30] COHEN N J,SQUIRE L R. Preserved learning and retention of pattern – analyzing skill in amnesia:dissociation of knowing how and knowing that[J]. Science,1980,210(4466):207 – 210.

[31] COOPER D W. The Physiology and pathology of the cerebellum[J]. The Yale journal of biology and medicine,1958,31(2):108.

[32] CUNNINGHAM H A. Aiming error under transformed spatial mappings suggests a structure for visual motor maps[J]. Journal of experimental psychology:human perception and performance,1989,15 (3):493.

[33] DAY K A,ROEMMICH R T,TAYLOR J A,BASTIAN A J. Visuomotor learning generalizes around the intended movement[J]. Eneuro,2016,3(2):5 – 16.

[34] DAYAN E,COHEN L G. Neuroplasticity subserving motor skill learning[J]. Neuron,2011,72 (3):443 – 454.

[35] DE XIVRY J J O,LEFEVRE P. Formation of model – free motor memories during motor adaptation depends on perturbation schedule[J]. Journal of neurophysiology,2015,113(7):2733 – 2741.

[36] DECETY J. The neurophysiological basis of motor imagery[J]. Behavioural brain research, 1996,77(1):45 – 52.

[37] DECETY J,PERANI D,JEANNEROD M,BETTINARDI V,TADARY B,WOODS R,FAZIO F. Mapping motor representations with positron emission tomography[J]. Nature(London), 1994, 371 (6498):600 – 602.

[38] DEIBER M P, IBANEZ V, HONDA M, SADATO N, RAMAN R, HALLETT M. Cerebral processes related to visuomotor imagery and generation of simple finger movements studied with positron emission tomography[J]. Neuroimage,1998,7(2):73 – 85.

[39] DELLA – MAGGIORE V,MALFAIT N,OSTRY D J,PAUS T. Stimulation of the posterior parietal cortex interferes with arm trajectory adjustments during the learning of new dynamics[J]. Journal of neuroscience,2004,24(44):9971 – 9976.

[40] DIEDRICHSEN J,HASHAMBHOY Y,RANE T,SHADMEHR R. Neural correlates of reach errors[J]. Journal of neuroscience,2005,25(43):9919 – 9931.

[41] DONCHIN O,FRANCIS J T,SHADMEHR R. Quantifying generalization from trial – by – trial behavior of adaptive systems that learn with basis functions:theory and experiments in human motor control[J]. The journal of neuroscience,2003,23(27):9032 – 9045.

[42] DOSHER B A,JETER P,LIU J,LU Z L. An integrated reweighting theory of perceptual learning[J]. Proceedings of the national academy of sciences,2013,110(33):13678 – 13683.

[43] DOYON J,BENALI H. Reorganization and plasticity in the adult brain during learning of motor skills[J]. Current opinion in neurobiology,2005,15(2):161 – 167.

[44] EBBINGHAUS H. Memory:a contribution to experimental psychology[M]. Teachers college:Columbia university,1913.

[45] FAHLE M,MORGAN M. No transfer of perceptual learning between similar stimuli in the same retinal position[J]. Current biology,1996,6(3):292 – 297.

[46] FERNANDEZ – RUIZ J,HALL C,VERGARA P,DIAZ R. Prism adaptation in normal aging:slower adaptation rate and larger aftereffect[J]. Cognitive brain research,2000,9(3):223 – 226.

[47] FERNANDEZ – RUIZ J,WONG W,ARMSTRONG I T,FLANAGAN J R. Relation between reaction time and reach errors during visuomotor adaptation[J]. Behavioural brain research,2011,219(1):8 – 14.

[48] FINE M S,THOROUGHMAN K A. Trial – by – trial transformation of error into sensorimotor adaptation changes with environmental dynamics [J]. Journal of neurophysiology, 2007, 98 (3): 1392 – 1404.

[49] FLOYER – LEA A,MATTHEWS P. Changing brain networks for visuomotor control with increased movement automaticity[J]. Journal of neurophysiology,2004,92(4):2405.

[50] FLOYER – LEA A,MATTHEWS P M. Distinguishable brain activation networks for short – and long – term motor skill learning[J]. Journal of neurophysiology,2005,94(1):512 – 518.

[51] FRANK M J,SEEBERGER L C,OREILLY R C. By carrot or by stick:cognitive reinforcement learning in parkinsonism[J]. Science,2004,306(5703):1940 – 1943.

[52] FRENSCH P A. One concept, multiple meanings: on how to define the concept of implicit learning[M]//Handbook of implicit learning. London:Sage Publications,1998.

[53] GALEA J M,MALLIA E,ROTHWELL J,DIEDRICHSEN J. The dissociable effects of punishment and reward on motor learning[J]. Nature neuroscience,2015,18(4):597 – 602.

[54] GALEA J M,VAZQUEZ A,PASRICHA N,DE XIVRY J J O,CELNIK P. Dissociating the roles of the cerebellum and motor cortex during adaptive learning:the motor cortex retains what the cerebellum learns[J]. Cerebral cortex,2011,21(8):1761 – 1770.

[55] GALLISTEL C R,FAIRHURST S,BALSAM P. The learning curve:implications of a quantitative analysis[J]. Proceedings of the national academy of sciences of the United States of America,2004,101(36):13124 - 13131.

[56] GARCIA - BAJOS E, MIGUELES M, ANDERSON M C. Script knowledge modulates retrieval - induced forgetting for eyewitness events[J]. Memory,2009,17(1):92 - 103.

[57] GERARDIN E,SIRIGU A,LEHERICY S,POLONE J B,GAYMARD B,MARSAULT C,LE BIHAN D. Partially overlapping neural networks for real and imagined hand movements[J]. Cerebral cortex,2000,10(11):1093 - 1104.

[58] GHAHRAMANI Z,WOLPERT D M,JORDEN M I. Generalization to local remappings of the visuomotor coordinate transformation[J]. Journal of neuroscience,1996,16(21):7085 - 7096.

[59] GIBSON E J. Perceptual learning[J]. Annual review of psychology,1963,14(1):29 - 56.

[60] GOEDERT K M,WILLINGHAM D B. Patterns of interference in sequence learning and prism adaptation inconsistent with the consolidation hypothesis[J]. Learning & Memory,2002,9(5):279 - 292.

[61] GOLLA H,TZIRIDIS K,HAARMEIER T,CATZ N,BARASH S,THEIR P. Reduced saccadic resilience and impaired saccadic adaptation due to cerebellar disease[J]. European journal of neuroscience,2008,27(1):132 - 144.

[62] GRAFTON S T,ARBIB M A,FADIGA L,RIZZOLATTI G. Localization of grasp representations in humans by positron emission tomography[J]. Experimental brain research,1996,112(1):103 - 111.

[63] GREZES J,DECETY J. Functional anatomy of execution,mental simulation,observation,and verb generation of actions:a meta - analysis[J]. Human brain mapping,2001,12(1):1 - 19.

[64] HADIPOUR - NIKTARASH A,LEE C K,DESMOND J E,SHADMEHR R. Impairment of retention but not acquisition of a visuomotor skill through time - dependent disruption of primary motor cortex[J]. Journal of neuroscience,2007,27(49):13413 - 13419.

[65] HADJIOSIF A,SMITH M. Savings is restricted to the temporally labile component of motor adaptation[J]. Translational and computational motor control,2013.

[66] HAITH A M,HUBERDEAU D M,KRAKAUER J W. The influence of movement preparation time on the expression of visuomotor learning and savings[J]. Journal of neuroscience,2015,35(13):5109 - 5117.

[67] HANAKAWA T,DIMYAN M A,HALLETT M. Motor planning,imagery,and execution in the distributed motor network:a time - course study with functional MRI[J]. Cerebral cortex,2008,18(12):2775 - 2788.

[68] HANAKAWA T, IMMISCH I, TOMA K, DIMYAN M A, VAN GELDEREN P, HALLETT M. Functional properties of brain areas associated with motor execution and imagery[J]. Journal of neurophysiology,2003,89(2):989 – 1002.

[69] HANSLMAYR S,STAUDIGL T,ASLAN A,BAUML K H. Theta oscillations predict the detrimental effects of memory retrieval[J]. Cognitive, affective & Behavioral neuroscience,2010,10(3):329 – 338.

[70] HARUNO M,WOLPERT D,KAWATO M. Mosaic model for sensorimotor learning and control [J]. Neural Computation,2001,13(10):2201 – 2220.

[71] HERZFELD D J,VASWANI P A,MARKO M K,SHADMEHR R. A memory of errors in sensorimotor learning[J]. Science,2014,345(6202):1349 – 1353.

[72] HEUER H,HEGELE M. Adaptation to visuomotor rotations in younger and older adults [J]. Psychology and aging,2008,23(1):190.

[73] HEUER H,HEGELE M. Generalization of implicit and explicit adjustments to visuomotor rotations across the workspace in younger and older adults[J]. Journal of neurophysiology,2011,106(4):2078 – 2085.

[74] HUANG V S,HAITH A,MAZZONI P,KRAKAUER J W. Rethinking motor learning and savings in adaptation paradigms:model – free memory for successful actions combines with internal models [J]. Neuron,2011,70(4):787.

[75] HUBERDEAU D M,KRAKAUER J W,HAITH A M. Dual – process decomposition in human sensorimotor adaptation[J]. Current opinion in neurobiology,2015,33:71 – 77.

[76] HWANG E J, SMITH M A, SHADMEHR R. Dissociable effects of the implicit and explicit memory systems on learning control of reaching [J]. Experimental brain research, 2006, 173 (3):425 – 437.

[77] IMAMIZU H,UNO Y,KAWATO M. Internal representations of the motor apparatus:implications from generalization in visuomotor learning[J]. Journal of experimental psychology:human perception and performance,1995,21(5):1174.

[78] IZAWA J,SHADMEHR R. Learning from sensory and reward prediction errors during motor adaptation[J]. PLoS computational biology,2011,7(3):1 – 11.

[79] JACKSON P L,LAFLEUR M F,MALOUIN F,RICHARDS C L,DOYON J. Functional cerebral reorganization following motor sequence learning through mental practice with motor imagery [J]. NeuroImage,2003,20(2):1171 – 1180.

[80] JACKSON R C, ASHFORD K, NORSWORTHY G. Attentional focus, dispositional reinvest-

ment, and skilled motor performance under pressure[J]. Journal of sport and exercise psychology, 2006, 28(1): 49 - 68.

[81] STANLEY J. Know how[M]. Oxford: Oxford University Press, 2011

[82] JEANNEROD M. The representing brain: neural correlates of motor intention and imagery [J]. Behavioral and brain sciences, 1994, 17(2): 187 - 201.

[83] JEANNEROD M. Mental imagery in the motor context[J]. Neuropsychologia, 1995, 33(11): 1419 - 1432.

[84] JEANNEROD M. Neural simulation of action: a unifying mechanism for motor cognition [J]. Neuroimage, 2001, 14(1): S103 - S109.

[85] JORGET G. Why do English players fail in soccer penalty shootouts? A study of team status, self - regulation, and choking under pressure[J]. Journal of sports sciences, 2009, 27(2): 97 - 106.

[86] KAGERER F A, CONTRERAS - VIDAL J, STELMACH G E. Adaptation to gradual as compared with sudden visuo - motor distortions[J]. Experimental brain research, 1997, 115(3): 557 - 561.

[87] KARNI A, SAGI D. The time course of learning a visual skill[J]. Nature, 1993, 365(6443): 250 - 252.

[88] KAWATO M. Internal models for motor control and trajectory planning[J]. Current opinion in neurobiology, 1999, 9(6): 718 - 727.

[89] KEISLER A, SHADMEHR R. A shared resource between declarative memory and motor memory[J]. The journal of neuroscience, 2010, 30(44): 14817 - 14823.

[90] KIMBLE C E, REZABEK J S. Playing games before an audience: social facilitation or choking [J]. Social behavior and personality: an international journal, 1992, 20(2): 115 - 120.

[91] KLUZIK J, DIEDRICHSEN J, SHADMEHR R, BASTIAN A J. Reach adaptation: what determines whether we learn an internal model of the tool or adapt the model of our arm? [J]. Journal of neurophysiology, 2008, 100(3): 1455 - 1464.

[92] KOJIMA Y, IWAMOTO Y, YOSHIDA K. Memory of learning facilitates saccadic adaptation in the monkey[J]. The journal of neuroscience, 2004, 24(34): 7531 - 7539.

[93] KRAKAUER J W. Motor learning and consolidation: the case of visuomotor rotation [J]. Advances in experimental medicine and biology, 2009, 629: 405 - 421.

[94] KRAKAUER J W, GHEZ C, GHILARDI M F. Adaptation to visuomotor transformations: consolidation, interference, and forgetting[J]. The journal of neuroscience, 2005, 25(2): 473 - 478.

[95] KRAKAUER J W, GHILARDI M F, MENTIS M, BARNES A, VEYTSMAN M, EIDELBERG D, GHEZ C. Differential cortical and subcortical activations in learning rotations and gains for reaching: a

PET study[J]. Journal of neurophysiology,2004,91(2):924 – 933.

[96] KRAKAUER J W,GHILARDI M F,GHEZ C. Independent learning of internal models for kinematic and dynamic control of reaching[J]. Nature neuroscience,1999,2(11):1026 – 1031.

[97] KRAKAUER J W, MAZZONI P, GHAZIZADEH A, RAVINDRAN R, SHADMEHR R. Generalization of motor learning depends on the history of prior action[J]. PLoS biology,2006,4(10):1798 – 1808.

[98] KRAKAUER J W,PINE Z M,GHILARDI M F,GHEZ C. Learning of visuomotor transformations for vectorial planning of reaching trajectories[J]. The journal of neuroscience, 2000, 20(23):8916 – 8924.

[99] LACKNER J R,DIZIO P. Rapid adaptation to Coriolis force perturbations of arm trajectories [J]. Journal of neurophysiology,1994,72(1):299 – 313.

[100] LACOURSE M G,ORR E L,CRAMER S C,COHEN M J. Brain activation during execution and motor imagery of novel and skilled sequential hand movements[J]. Neuroimage, 2005, 27(3):505 – 519.

[101] LASHLEY K S. In search of the engram[J]. Symposia of the society for experimental biology, 1950(4):477 – 480.

[102] LEBRON K,MILAD M R,QUIRK G J. Delayed recall of fear extinction in rats with lesions of ventral medial prefrontal cortex[J]. Learning & Memory,2004,11(5):544 – 548.

[103] LEE J Y, SCHWEIGHOFER N. Dual adaptation supports a parallel architecture of motor memory[J]. The journal of neuroscience,2009,29(33):10396 – 10404.

[104] LEVY B J,MCVEIGH N D,MARFUL A,ANDERSON M C. Inhibiting your native language: The role of retrieval – induced forgetting during second – language acquisition[J]. Psychological science, 2007,18(1):29 – 34.

[105] LIU X,MOSIER K M,MUSSA – IVALDI F A,CASADIO M,SCHEIDT R A. Reorganization of finger coordination patterns during adaptation to rotation and scaling of a newly learned sensorimotor transformation[J]. Journal of neurophysiology,2011,105(1):454.

[106] LIU Z,WEINSHALL D. Mechanisms of generalization in perceptual learning[J]. Vision research,2000,40(1):97 – 109.

[107] LOTZE M,HALSBAND U. Motor imagery[J]. Journal of physiology – paris,2006,99(4):386 – 395.

[108] MACLEOD M D,HULBERT J C. Sleep,retrieval inhibition,and the resolving power of human memory[M]//Successful remembering and successful forgetting London: Psychology Press, 2010:

133 – 152.

[109] MACLEOD M D, MACRAE C N. Gone but not forgotten: the transient nature of retrieval – induced forgetting[J]. Psychological science, 2001, 12(2): 148 – 152.

[110] MALFAIT N, OSTRY D J. Is interlimb transfer of force – field adaptation a cognitive response to the sudden introduction of load? [J]. The journal of neuroscience, 2004, 24(37): 8084 – 8089.

[111] MALFAIT N, SHILLER D M, OSTRY D J. Transfer of motor learning across arm configurations[J]. Journal of neuroscience, 2002, 22(22): 9656 – 9660.

[112] MALL J T, MOREY C C. High working memory capacity predicts less retrieval induced forgetting[J]. PloS one, 2013, 8(1): 1 – 7.

[113] MARINELLI L, CRUPI D, DI ROCCO A, BOVE M, EIDELBERG D, ABBRUZZESE G, GHILARDI M F. Learning and consolidation of visuo motor adaptation in Parkinson's disease. Parkinsonism & related disorders, 2009, 15(1): 6 – 11.

[114] MATTAT A A, OSTRY D J. Modifiability of generalization in dynamics learning[J]. Journal of neurophysiology, 2007, 98(6): 3321 – 3329.

[115] MAZZONI P, KRAKAUER J W. An implicit plan overrides an explicit strategy during visuomotor adaptation[J]. The journal of neuroscience, 2006, 26(14): 3642 – 3645.

[116] MCDOUGLE S D, BOND K M, TAYLOR J A. Explicit and implicit processes constitute the fast and slow processes of sensorimotor learning[J]. Journal of neuroscience, 2015, 35(26): 9568 – 9579.

[117] MCDOUGLE S D, IVRY R B, TAYLOR J A. Taking aim at the cognitive side of learning in sensorimotor adaptation tasks[J]. Trends in cognitive sciences, 2016, 20(7): 535 – 544.

[118] MCNAY E C, WILLINGHAM D B. Deficit in learning of a motor skill requiring strategy, but not of perceptuomotor recalibration, with aging[J]. Learning & Memory, 1998, 4(5): 411 – 420.

[119] MEDINA J F, GARCIA K S, MAUK M D. A mechanism for savings in the cerebellum [J]. The journal of neuroscience, 2001, 21(11): 4081 – 4089.

[120] MIALL R C, JENKINSON N, KULKARNI K. Adaptation to rotated visual feedback: a re – examination of motor interference[J]. Experimental brain research, 2004, 154(2): 201 – 210.

[121] MILNER B. Les troubles de la memoire accompagnant des lesions hippocampiques bilaterales [J]. Physiologie de l' Hippocampe, colloques internationaux, 1962(107): 257 – 272.

[122] MOREHEAD J R, QASIM S E, CROSSLEY M J, IVRY R. Savings upon re – aiming in visuomotor adaptation[J]. Journal of neuroscience, 2015, 35(42): 14386 – 14396.

[123] MOREHEAD J R, TAYLOR J A, PARVIN D, MARRONE E, IVRY R B. Implicit adaptation via visual error clamp[J]. Translational and computational motor control, 2014.

[124] MORTON S M,BASTIAN A J. Cerebellar contributions to locomotor adaptations during split-belt treadmill walking[J]. Journal of Neuroscience,2006,26(36):9107 -9116.

[125] MUELLBACHER W,ZIEMANN U,WISSEL J,DANG N,KOFLER M,FACCHINI S,HALLETT M. Early consolidation in human primary motor cortex[J]. Nature,2002,415(6872):640 -644.

[126] NIKOOYAN A A,AHMED A A. Reward feedback accelerates motor learning[J]. Journal of neurophysiology,2015,113(2):633 -646.

[127] PAZ R,BORAUD T,NATAN C,BERGMAN H,VAADIA E. Preparatory activity in motor cortex reflects learning of local visuomotor skills[J]. Nature neuroscience,2003,6(8):882 -890.

[128] PEARSON T S,KRAKAUER J W,MAZZONI P. Learning not to generalize:modular adaptation of visuomotor gain[J]. Journal of neurophysiology,2010,103(6):2938.

[129] PERFECT T J,STARK L J,TREE J J,MOULIN C J,AHMED L,HUTTER R. Transfer appropriate forgetting:The cue - dependent nature of retrieval - induced forgetting[J]. Journal of memory and language,2004,51(3):399 -417.

[130] PIJPERS J,OUDEJANS R R,BAKKER F C. Anxiety - induced changes in movement behaviour during the execution of a complex whole - body task[J]. The Quarterly journal of experimental psychology. A,Human experimental psychology,2005,58(3):421 -445.

[131] PINE Z M,KRAKAUER J W,CORDON J,GHEZ C. Learning of scaling factors and reference axes for reaching movements[J]. Neuroreport,1996,7(14):2357 -2361.

[132] POGGIO T, BIZZI E. Generalization in vision and motor control [J]. Nature, 2004, 431 (7010):768 -774.

[133] RABE K, LIVNE O, GIZEWSKI E R, AURICH V, BECK A, TIMMANN D, DONCHIN O. Adaptation to visuomotor rotation and force field perturbation is correlated to different brain areas in patients with cerebellar degeneration[J]. Journal of neurophysiology,2009,101(4):1961.

[134] REDDING G M,WALLACE B. Adaptive spatial alignment and strategic perceptual - motor control[J]. Journal of experimental psychology:human perception and performance,1996,22(2):379.

[135] RUSHWORTH M F,NIXON P D,WADE D T,RENOWDEN S,PASSINGHAM R E. The left hemisphere and the selection of learned actions[J]. Neuropsychologia,1998,36(1):11 -24.

[136] RUTLEDGE R B, LAZZARO S C, LAU B, MYERS C E, GLUCK M A, GLIMCHER P W. Dopaminergic drugs modulate learning rates and perseveration in Parkinson's patients in a dynamic foraging task[J]. Journal of neuroscience,2009,29(48):15104 -15114.

[137] SAIJO N,GOMI H. Multiple motor learning strategies in visuomotor rotation[J]. PloS one, 2010,5(2):1 -11.

[138] SAUNDERS J,FERNANDES M,KOSNES L. Retrieval – induced forgetting and mental imagery[J]. Memory & Cognition,2009,37(6):819 – 828.

[139] SCHNEIDER W,SHIFFRIN R M. Controlled and automatic human information processing: I. Detection,search,and attention[J]. Psychological review,1977,84(1):1.

[140] SCHOUPS A A,VOGELS R,ORBAN G A. Human perceptual learning in identifying the oblique orientation:retinotopy,orientation specificity and monocularity[J]. The journal of physiology,1995, 483(3):797 – 810.

[141] SEIDLER R D,BO J,ANGUERA J A. Neurocognitive contributions to motor skill learning:the role of working memory[J]. Journal of motor behavior,2012,44(6):445 – 453.

[142] SHADMEHR R,MUSSA – IVALDI F A. Adaptive representation of dynamics during learning of a motor task[J]. Journal of neuroscience,1994,14(5):3208 – 3224.

[143] SHADMEHR R,SMITH M A,KRAKAUER J W. Error correction,sensory prediction,and adaptation in motor control[J]. Annual review of neuroscience,2010,33(1):89 – 108.

[144] SHADMEHR R,WISE S P. The computational neurobiology of reaching and pointing:a foundation for motor learning[M]. New York:MIT press,2005.

[145] SHIU L P,PASHLER H. Improvement in line orientation discrimination is retinally local but dependent on cognitive set[J]. Attention,Perception,& Psychophysics,1992,52(5):582 – 588.

[146] SHOHAMY D,MYERS C E,GROSSMAN S,SAGE J,GLUCK M A. The role of dopamine in cognitive sequence learning:evidence from Parkinson's disease[J]. Behavioural brain research,2005,156 (2):191 – 199.

[147] SLACHEVSKY A, PILLON B, FOURNERET P, PRADAT – DIEHL P, JEANNEROD M. DUBOIS B. Preserved adjustment but impaired awareness in a sensory – motor conflict following prefrontal lesions[J]. Journal of cognitive neuroscience,2001,13(3):332 – 340.

[148] SMITH M A,GHAZZIZADEH A,SHADMEHR R. Interacting adaptive processes with different timescales underlie short – term motor learning[J]. PLoS Biology,2006,4(6):1035 – 1043.

[149] SMITH M A,SHADMEHR R. Intact ability to learn internal models of arm dynamics in Huntingtons disease but not cerebellar degeneration [J] . Journal of neurophysiology, 2005, 93 (5): 2809 – 2821.

[150] SOLODKIN A,HLUSTIK P,CHEN E E,SMALL S L. Fine modulation in network activation during motor execution and motor imagery[J]. Cerebral cortex,2004,14(11):1246 – 1255.

[151] TANAKA H,SEJNOWSKI T J,KRAKAUER J W. Adaptation to visuomotor rotation through interaction between posterior parietal and motor cortical areas[J]. Journal of neurophysiology,2009,102

(5):2921.

[152] TAYLOR J A,HIEBER L L,IVRY R B. Feedback – dependent generalization[J]. Journal of neurophysiology,2013,109(1):202 – 215.

[153] TAYLOR J A,IVRY R B. Flexible cognitive strategies during motor learning[J]. PLoS computational biology,2011,7(3):1 – 13.

[154] TAYLOR J A,IVRY R B. Cerebellar and prefrontal cortex contributions to adaptation,strategies,and reinforcement learning[J]. Progress in brain research,2014,210(1):217 – 253.

[155] THOROUGHMAN K A,SHADMEHR R. Learning of action through adaptive combination of motor primitives[J]. Nature,2000,407(6805):742 – 747.

[156] THOTOUGHMAN K A,TAYLOR J A. Rapid reshaping of human motor generalization [J]. The journal of neuroscience,2005,25(39):8948 – 8953.

[157] TONG C,FLANAGAN J R. Task-specific internal models for kinematic transformations [J]. Journal of neurophysiology,2003,90(2):578 – 585.

[158] TUNERER R S,DESMURGET M,GRETHE J,CRUTCHER M D,GRAFTON S T. Motor subcircuits mediating the control of movement extent and speed[J]. Journal of neurophysiology,2003,90(6):3958 – 3966.

[159] TURNHAM E J,BRAUN D A,WOLPERT D M. Facilitation of learning induced by both random and gradual visuomotor task variation[J]. Journal of neurophysiology,2012,107(4):1111 – 1122.

[160] VNBEERS R J. Motor learning is optimally tuned to the properties of motor noise [J]. Neuron,2009,63(3):406 – 417.

[161] WACHTER T,ROHRICH S,FRANK A,MOLINA LUNA K,PEKANOVIC A,HERTLER B,LUFT A R. Motor skill learning depends on protein synthesis in the dorsal striatum after training [J]. Experimental brain research,2010,200(3 – 4):319 – 323.

[162] WANG R,ZHANG J Y,KLEIN S A,LEVI D M,YU C. Vernier perceptual learning transfers to completely untrained retinal locations after double training:a "piggybacking" effect[J]. Journal of vision,2014,14(13):12.

[163] WEI K,KORDIGN K. Relevance of error:what drives motor adaptation? [J]. Journal of neurophysiology,2009,101(2):655 – 664.

[164] WEI K,YAN X,KONG G,YIN C,ZHANG F,WANG Q,KORDING K P. Computer use changes generalization of movement learning[J]. Current biology,2014,24(1):82 – 85.

[165] WIGMORE V,TONG C,FLANAGAN J R. Visuomotor rotations of varying size and direction compete for a single internal model in a motor working memory[J]. Journal of experimental psychology:

human perception and performance,2002,28(2):447.

[166] WILLIAMS C C,ZACKS R T. Is retrieval – induced forgetting an inhibitory process? [J]. The American journal of psychology,2001,114(3):329 – 354.

[167] WILLINGHAM D B. A neuropsychological theory of motor skill learning[J]. Psychological review,1998,105(3):558.

[168] WISE S, MOODY S, BLOMSTORM K, MITZ A. Changes in motor cortical activity during visuomotor adaptation[J]. Experimental brain research,1998,121(3):285 – 299.

[169] WOLPERT D M,GHAHRAMANI Z,JORDAN M I. An internal model for sensorimotor integration[J]. Science,1995,269(5232):1880 – 1882.

[170] XIAO L Q,ZHANG J Y,WANG R,KLEIN S A,LEVI D M,YU C. Complete transfer of perceptual learning across retinal locations enabled by double training [J] . Current biology: 2008, 18 (24):1922.

[171] YAN X,WANG Q,LU Z,STEVENSON I H,KORDING K,WEI K. Generalization of unconstrained reaching with hand——weight changes [J] . Journal of neurophysiology, 2013, 109 (1): 137 – 146.

[172] YIN C,WEI K. Interference from mere thinking: mental rehearsal temporarily disrupts recall of motor memory[J]. Journal of neurophysiology,2014,112(3):594 – 602.

[173] YUE G,COLE K J. Strength increases from the motor program: comparison of training with maximal voluntary and imagined muscle contractions [J] . Journal of neurophysiology, 1992, 67 (5): 1114 – 1123.

后　记

本书的形成最最应该感谢的是我的明星导师魏坤琳教授。作为帅气与智慧并存的、科学男神的第一名博士，我是何等的幸运。感谢您把我带入运动控制这个新鲜有趣的研究领域，充分满足了我对精妙实验设计及巧妙研究逻辑的渴望与追求。感谢您支持我出国接受联合培养并多次参加国际会议，让我眼界大开，见识大长。除了对研究内容和思路方法的传授，您更是用强大的人格魅力潜移默化地影响着我，如您对科研与生活的满腔热忱，刨根问底的探索精神，科学严谨的求实态度及作为知识分子让科学流行起来的社会担当等。感谢您对我的认可鼓励或批评不满，这些充满着爱与关怀的反馈，让我自信勇敢，用严格的标准约束自己，永远朝向更好迈进。

特别感谢北京大学的余聪教授对我研究三的启发与大力指导，每每和您讨论，都会被您的睿智和对科研的热爱、专注及敏锐度深深折服。感谢在美国西北大学接受联合培养期间的导师康拉德·科丁教授（Konrad Kording），您带我进入贝叶斯建模的领域，您的奇思妙想让我领略科研的妙不可言。感谢北京大学吴艳红教授、李晟研究员和李健研究员，你们对我完成本书的研究起到了关键的指导作用。感谢方方院长、陈立翰老师、张俊云老师对我在学术和生活上的关心。感谢赵德岳老师、赵心老师、王淼老师、魏巍老师、冯浩老师、陈慧兰会计在我处理行政事务时对我的热心帮助，让我在北京大学心理学院时常感受到家一般的温暖。感谢张航研究员、中科院心理所的杜峰研究员、张亮副研究员对我的研究提出的宝贵意见。感谢我的本科导师张积家教授，母校华南师范大学心理学院张卫院长、莫雷教授、王瑞明教授对我的关注与鼓励。同时，感谢首都体育学院刘淑慧教授、李京诚教授、殷小川教授、蒋长好教授、付全教授、韩桂凤老师、徐守森老师、李四化老师、燕凌老师、赖颖慧老师对我的关心和指导。

忘不了早已毕业并离开实验室的大师兄颜翔，刚来实验室对运动控制这一领域完全没有了解，是你教我写代码、使用 Codamotion、分析数据，给我推荐文献，帮我解决各种困惑。你对科研工作的一丝不苟、为实验室奉献的兢兢业业，给我树立了完美榜样。感谢乐观向上的二师兄丁琦城，以及无所不能的何康——“康帝”，你们总能在关键时刻帮我找到解决问题的好办法。感谢田雨师兄，带我们参观航天城、介绍航天知识，你作为航天人敬业奉献的精神深深地感染并激励着我；还要感谢你能担任我的答辩秘书，确保我答辩工作的顺利完成。特别感谢“战友”兼闺蜜孔改清，这些年的风雨阳光我们一起走过，感谢你的鼓励与陪伴，你是元气满满的小天使，为我紧张单调的博士生活增添了无限的色彩。感谢毕宇晴师妹、张羽弛师弟帮我带被试、收集数据、讨论实验结果，你们的认真细心极大地推进了我们的研究进度。还要感谢一起工作过的贺桥、陈丽君、蒋婉莹、高键东、石玉生、曾绍林、王惠君、原显智、孙瑶、马家俊、武亚雪、黄逸菲、余天心、张飘、梁优，你们每个人身上都闪烁着独特的光芒，给我帮助与启发。还要感谢美国西北大学的博士后雨果·费尔南德斯（Hugo Fernandes），教我仪器使用、数据分析与建模；感谢克莱尔·钱伯斯（Claire Chambers）、罗斯倍·法户迪（Roozbeh Farhoodi）、帕特·劳勒（Pat Lawlor）等小伙伴对我研究的浓厚兴趣与大力支持。

由衷感谢我的“战友、死党”薛欣，我们有太多相似的经历，太多聊不完的话题，太多想一起去的远方；尤其是你在我最紧张忙碌、灰暗无助的日子里给我支持、听我倾诉，陪我度过“黎明前的黑暗”，让我遇见更好的自己。感谢我在美国的闺蜜迪特·什哈德（Dietta Chihade），你永远无条件地爱我、鼓励我。感谢这些年我遇到的优质舍友王立卉、高雅玥与胡谍，你们不仅在生活上关照我，还帮我养成了良好的生活习惯，帮我变得更加豁达。感谢王朝全师兄，在招募被试和实验操作方面给我的大力帮助。感谢于宏波师兄、刘金婷师姐、李曼师姐与我毫无保留地分享研究、工作经验，给我启发。感谢我的被试们，告诉我实验很有趣，愿意把它推荐给自己的朋友；在仪器出现问题的时候帮我一起排查故障；甚至甘当纯粹的志愿者，说什么也不肯接受被试费。

感谢爸妈，赐予我健康的体魄、智慧的头脑、乐观的心态与无限的力量，你们永远是我内心最柔软的地方。感谢你们为我营造的家庭环境，为我付出的一切。感谢我的爱人，你踏实靠谱的生活态度、科学严谨的工作作风为我树立了最好的榜样。永远爱你们！

感谢北京市自然科学基金项目（5194024）、国家自然科学基金（32000745）、北京市优秀人才培养青年骨干个人项目（2008000020124G131）、北京市教育委员会科技计划一般项目（KM202110029002）为我的实验工作提供了必要的经费支持。感谢北京体育大学出版社编辑及各位工作人员对本书的编辑与校正。

要感谢的人还有很多很多，受篇幅所限，在这里不能一一提及，待我向你们当面致谢。谢谢我的生命中有你们的出现，真心祝愿每一个人越来越好！